全国电力职业教育系列教材
职业教育电力技术类专业培训用书

用电信息采集与监控实训教程

YONGDIAN XINXI CAIJI YU JIANKONG SHIXUN JIAOCHENG

主编 高 犁
编写 陈 杨 冷北雪 卿 莲
程翠微 孙长钦 汪 佳

中国电力出版社
CHINA ELECTRIC POWER PRESS

内 容 提 要

国网四川省电力公司在开展用电信息采集与监控专业履职能力培训工作中，将供电企业开展用电信息采集系统运维工作所需要的核心技能提炼成实操模块来开展技能训练，取得了良好的效果。本书梳理和总结了近年企业专家和教师们在培训过程中积累的技术资料，介绍了每个实操模块所需的专业知识、作业步骤、工艺要求等。实操模块包括采集终端的识读，专变终端的安装，集中器、采集器的安装，终端档案的建立，终端的初始化设置，专公变终端及低压集中抄表数据采集任务设置和维护，主站采集数据的监测，窃电与违约用电疑点的分析与处理，预购电控制，电能表采集异常消缺。

本书针对性强、通俗易懂，对从事用电信息采集系统技术推广的培训教师、供电企业采集运维人员具有较强的实用性和指导性，也可作为供用电技术专业有关教师和学生的教学、自学或培训参考书。

图书在版编目（CIP）数据

用电信息采集与监控实训教程/高犁主编．—北京：中国电力出版社，2018.12（2022.1 重印）
全国电力职业教育规划教材
ISBN 978-7-5198-2753-3

Ⅰ.①用… Ⅱ.①高… Ⅲ.①用电管理—管理信息系统—职业教育—教材 Ⅳ.①TM92

中国版本图书馆 CIP 数据核字（2019）第 036014 号

出版发行：中国电力出版社
地　　址：北京市东城区北京站西街 19 号（邮政编码 100005）
网　　址：http://www.cepp.sgcc.com.cn
责任编辑：张　旻（010-63412536）
责任校对：黄　蓓　朱丽芳
装帧设计：赵姗姗
责任印制：吴　迪

印　　刷：北京传奇佳彩数码印刷有限公司
版　　次：2019 年 6 月第一版
印　　次：2022 年 1 月北京第五次印刷
开　　本：787 毫米×1092 毫米　16 开本
印　　张：9.25
字　　数：223 千字
定　　价：42.00 元

前　言

用电信息采集系统在我国的普遍应用实现了电力企业营销抄表、核算、收费模式的重大变革，彻底改变了传统的用电负荷管控方法，大幅提高了计量装置在线监测和故障处理水平，有效支撑了"集抄集收"和防窃电业务的开展，是在电力系统供用电环节实现泛在电力物联网的基础技术支撑。

为了提高一线生产员工技术技能水平，国网四川省电力公司从2013年开始了一轮生产人员全员履职能力培训，2013—2018年共计完成了用电信息采集与监控专业共39个班的履职能力培训任务，极大地提高了一线员工用电信息采集系统运行维护技术能力。

来自于国网四川省电力公司系统各供电公司的一线专家和公司技能培训中心的专业教师一边开展用电信息采集与监控专业的履职能力培训工作，一边对用电信息采集与监控专业培训内容、实操方法、培训课件、实训设备的建设进行了初步实践与探索，在培训实践中积累了包括教学讲义、实操设备技术规范、生产技术标准、实操考核评分细则等大量培训技术资料。

为了更好地开展新一轮用电信息采集与监控专业的履职能力培训工作，技能培训中心专门在国网四川省电力公司科信部立项申请了"用电信息采集与监控实训教程编写"科研项目，组织近年来参加用电信息采集与监控专业各级履职能力培训的专家和教师梳理并进一步研究在培训教学活动中积累的培训资料，编写了这本能够为新一轮用电信息采集与监控专业履职能力培训提供指导的实训教程，切实提高培训的实效性、针对性。

本书由高犁主编，由陈杨、冷北雪、卿莲、程翠微、孙长钦、汪佳编写，由国网四川省电力公司技能培训中心薛婉瑜副教授主审，国网四川省电力公司营销部李显忠高级工程师参加审核。本书共分10个技能操作实训模块，模块01、模块10由冷北雪编写，模块02、模块03由高犁编写，模块04由卿莲编写，模块05、模块09由陈杨编写，模块06由程翠微编写，模块07由卿莲、汪佳共同编写，模块08由孙长钦编写。本书编写过程中收集和参阅了各方面的资料，得到不少同志的大力支持和帮助，在此，谨致以衷心的感谢。

本书的出版获得国网四川省电力公司2014年科技项目经费支持。

限于编者水平和时间，加之随着用电信息采集系统业务和技术不断更新，书中难免有疏漏和不足之处，敬请广大读者和有关专家批评指正。

编　者

2019年5月

目 录

前言

绪　　论

用电信息采集系统能够实现计量装置在线监测和用户负荷、电量、电压等重要信息的实时采集，及时、完整、准确地为“SG186”营销业务应用提供电力用户实时用电信息数据，是加快营销计量、抄表、收费标准化建设的重要技术支撑手段。由于快速反映客户需求，从客户用电信息的源头提供数据支持，为“分时电价、阶梯电价、全面预付费”营销业务策略的实施提供支撑，用电信息采集系统是供电企业在电力体制改革的要求下建立适应市场变化营销业务和机制创新的技术基础。

截至 2018 年年底，国家电网经营区域内累计已有 3.5 亿户实现采集覆盖，整体覆盖率达到 90%以上。为使系统标准化、规范化和专业化，国家电网公司相继出台了用电信息采集系统系列标准规范和工作标准，“三集五大”实施后，对基层员工提出了更高的业务素质和专业技术要求。

本书紧密结合用电信息采集工作实际，提炼用电信息采集终端现场安装、调试、消缺及主站操作等核心运维技能，总结和梳理近年来国网四川省电力公司开展用电信息采集与监控专业履职能力培训资料和成果，以模块化的方式编写各核心运维技能所需要的专业知识和作业方法，帮助广大从事用电信息采集系统安装、运行、维护工作的一线员工掌握采集终端安装、调试、运行和消缺方法，熟悉采集系统应用软件的使用，帮助他们有效解决现场工作中出现的技术问题，切实提高基层供电企业用电信息采集系统运维能力。

本书共分为 10 个培训模块，涵盖了供电公司开展用电信息采集运维工作所需要的主要核心技能。每个培训模块编写了培训目的、专业知识准备、现场技能操作实训指导、技能操作考核评分细则 4 个部分的内容。

“培训目的”部分简要说明学习该模块能够使得学员掌握哪些专业知识，能够提升用电信息采集运维人员哪些方面的技术能力，使得学员明确学习该模块的意义。

“专业知识准备”部分介绍该核心技能模块相关的专业知识，包括但不限于：

（1）本技能操作模块在整个用电信息采集运维工作中的环节。

（2）相关基本的理论知识讲解。

（3）该项工作的基本管理要求、工作流程等。

（4）该项工作的基本技术要求，如国网公司对该项工作的相关技术规程规范的有关内容。

（5）其他有关专业知识。

“现场技能操作实训指导”部分主要为学员提供现场技能操作实训指导书，使学员能够明确在实训现场应该完成的工作任务、作业步骤、技术标准、工艺要求及安全注意事项等，能够为现场实操培训提供具体指导。具体包括以下内容。

1. 工作任务描述

对该培训模块的实操工作任务进行描述，使得培训学员明确其应该完成的技能操作任务，应该遵循的工作规范和要求，了解相关已知条件。

2. 现场实操作业步骤

在现场的实际操作步骤，是本书的主要核心内容，为培训学员提供完成该实操任务的具体指导。

本部分根据完成该项工作的现场标准化作业要求，按照国网公司对用电信息采集系统相关运维工作的标准规范，讲解每个步骤应该完成的具体工作内容、安装操作方法、软件使用方法、相应工艺标准及安全注意事项等。

3. 培训总结提炼

本部分对操作中学员应该掌握的专业概念、技术标准、其他现场操作方法等知识性内容进行总结提炼。

“技能操作考核评分细则”部分是国网四川省电力公司开展用电信息采集与监控专业履职能力培训考核时使用的现场操作评价依据。考核评分细则既是对学员进行考核的技能考卷，又是考评教师们对学员是否掌握该操作模块各项技术要领的统一评判尺度。

采集终端的识读

培训目的

用电信息采集与监控终端（简称终端）采用了微电子技术、计算机芯片技术、现代通信技术等当今最先进的技术，支持各种无线、有线通信网络技术，是实现需求侧管理现代化的重要组成部分，也是智能用电技术必备的配套终端产品。终端和用电信息采集与监控系统主站配合可实现负荷的监测与控制，并能够实现自动抄表、计量设备监测和防窃电，以及各种负荷闭环控制和异常告警功能，是物联网技术在电力营销业务创新应用中的重要技术手段。

通过本模块的学习，用电信息采集与监控专业技术人员能够掌握专变采集终端和集中抄表终端的功能、结构及分类，掌握采集终端的基础知识，具备识读用电信息采集终端的基本技术能力。

专业知识准备

用电信息采集终端是对各信息采集点用电信息采集的设备，可以实现电能表数据的采集、数据管理、数据双向传输以及转发或执行控制。终端能按主站命令的要求，定时或随机向主站发送终端采集和存储的功率、最大需量、电能示值、状态量等各种信息。终端与电能表通信，按设定的抄收间隔抄收和存储电能表数据，可以接收主站的数据转发命令，将电能表的数据通过远程信道直接传送至主站。

（一）用电信息采集终端的分类

用电信息采集终端按应用场所分为专变采集终端、集中抄表终端、分布式能源监控终端等类型。

1. 专变采集终端

专变采集终端是对专变用户用电信息进行采集的设备，可以实现电能表数据的采集、电能计量设备工况和供电电能质量监测，以及客户用电负荷和电能量的监控，并对采集数据进行管理和双向传输。

2. 集中抄表终端

集中抄表终端是对低压用户用电信息进行采集的设备，包括集中器、采集器。集中器是指收集各采集器或电能表的数据，并进行处理储存，同时能和主站或手持设备进行数据交换的设备。采集器是用于采集多个或单个电能表的电能信息，并可与集中器交换数据的设备。采集器依据功能可分为基本型采集器和简易型采集器。基本型采集器抄收和暂存电能表数据，并根据集中器的命令将储存的数据上传给集中器。简易型采集器直接转发集中器与电能表间的命令和数据。

3. 分布式能源监控终端

分布式能源监控终端是对接入公用电网的用户侧分布式能源系统进行监测与控制的设备，可以实现对双向电能计量设备的信息采集、电能质量监测，并可接受主站命令对分布式能源系统接入公用电网进行控制。

用电信息采集终端往往采用高速 32 位 ARM 和 Linux 操作系统，内部嵌入高速高精度的采集模块，实现实时高速电能计算，特别是在负荷波动大、谐波含量高的运行状况下依然能够保证采样和电能计量精度；终端电磁兼容性能优良，能抵御高压尖峰脉冲、强磁场、强静电、雷击浪涌的干扰且具有较强的温度自适应能力范围；与主站的通信支持《电力用户用电信息采集系统通信协议》或《电力负荷管理系统数据传输规约》（国家电网公司）自适应，支持 TCP/UDP/SMS 传输模式；与电能表的通信支持 DL/T 645—1997/2007（部颁规约）等多种国内外常用表计规约；终端同时支持不少于两种规约的电表接入，支持主站远程升级终端电表规约库。

用电信息采集终端通常采用宽电压范围设计，使其具有更高的可靠性，更加适应工作环境。采集终端具有功能强大的组态功能，可以在当地/远方方便地修改设备参数，支持当地/远方软件的在线升级。采集终端具有远方遥控功能，支持开关状态输入和计量箱门打开报警，与主站配合可靠地实现防窃电功能。终端的大容量主板采用 FLASH 存储芯片，保证各种数据的方便存储。终端必须采用密封式设计，ABS 防水阻燃材料，壁挂式结构、体积轻巧、安装方便。

（二）采集终端的主要技术指标

采集终端的主要技术指标见表 1-1。

表 1-1　　采集终端的主要技术指标

规格	电压	3×100V	3×57.7V/100V	3×220V/380V
	电流	1.5A (6A)	5A (6A)	5A (10A)
精度	电压电流	0.5%		
	有功功率	1%		
	无功功率	2%		
	有功电能	1%		
	无功电能	2%		
工频耐压		2kV		
冲击电压		6kV		
静电放电		8kV		
快速脉冲群		电源回路 4kV		
		信号回路 2kV		
浪涌		共模 4kV		
		差模 2kV		
相对湿度		≤95%		
电压范围		额定电压 ±30%		
频率范围		50Hz±5%		

续表

MTBF	≥5×10⁴h
设计寿命	15年
外形尺寸	长×宽×厚=280mm×180mm×85mm
净重	2.4kg
电池寿命	10年
电池连续工作时间	≥3年

（三）采集终端数据采集分析功能

1. 数据采集

终端采集的数据包括以下4个方面。

（1）电能量。终端可以按设定的终端抄表日或定时采集时间间隔对电能表数据进行采集、存储，并在主站召测时发送给主站；终端所记录的电能表数据与所连接的电能表显示的相应数据一致。

（2）状态量。终端可实时采集位置状态和其他状态信息，发生变位时记入内存并在最近一次主站查询时向其发送该变位信号或主动上报。

（3）脉冲量。终端能接收电能表输出的脉冲，并根据电能表脉冲常数 K_p（imp/kWh 或 imp/kvarh）、TV 变比 KTV、TA 变比 KTA 计算、1min 平均功率等，终端记录当日、当月功率最大值和出现时间。终端脉冲输入累计误差不大于1个脉冲；功率的转换误差在±1%范围内。

（4）交流模拟量。专变采集终端可按使用要求选配电压、电流等模拟量采集功能，测量电压、电流、功率、功率因数等，根据实际配置的不同；具有电压监测越限统计功能的终端，其电压准确度等级为0.5；具有谐波数据统计功能的终端，谐波分量准确度等级为1。

2. 数据分析

终端将获得的数据分类整理，为电网企业电力营销专业人员提供监测点的全面电能（用电）信息。

（1）实时和当前数据。根据数据源的不同，终端可采集以下实时和当前数据。

终端数据：当前总加有功/无功功率；当日/当月总加有功电能量（总、各费率）；当日/当月总加无功电能量；终端当前剩余电量（费）；终端日历时钟；终端参数状态；终端上行通信状态；终端控制设置状态；终端当前控制状态；终端事件计数器当前值；终端事件标志状态；终端状态量及变位标志；终端与主站当日/月通信流量。

测量点数据：实时三相电压、电流；实时三相总及分相有功/无功功率；实时功率因数；当前电压、电流相位角；三相断相统计数据及最近一次断相记录。

电能表数据：当月有功最大需量及发生时间；当前正向/反向有功电能示值（总、各费率）；当前正向/反向无功电能示值；当前一/四象限无功电能示值；当前二/三象限无功电能示值；电能表日历时钟；电能表运行状态字及其变位标志；电能表参数修改次数及时间。

（2）历史日数据。终端将采集的数据在日末（次日零点）形成各种历史日数据，并保存最近30天日数据，数据内容根据数据源的不同，具体包括如下。

终端数据：日总最大有功功率及发生时间；日正向/反向有功电能量（总、各费率）；日正向/反向无功总电能量；终端日供电时间、日复位累计次数；终端日控制统计数据；终端与主站日通信流量；总加组有功/无功功率曲线；总加组有功/无功电能量曲线；正向/反向有功总电能量曲线；正向/反向无功总电能量曲线。

测量点数据：有功/无功功率曲线；总功率因数曲线；电压曲线；电流曲线。

电能表数据：日有功最大需量及发生时间；日正向/反向有功电能示值（总、各费率）；日正向/反向无功总电能量；日一/四象限无功电能示值；日二/三象限无功电能示值；抄表日有功最大需量及发生时间；抄表日正向有功电能示值（总、各费率）；抄表日正向无功电能示值；正向/反向有功总电能示值曲线；正向/反向无功总电能示值曲线。

终端可以按照设定的冻结间隔（15min、30min、45min、60min 等）形成各类冻结曲线数据，并保存最近 30d 曲线数据。

（3）抄表日数据。终端可将采集到的数据在设定的抄表日及抄表时间形成抄表日数据，并保存最近 12 次抄表日数据，具体包括：电能表抄表日有功最大需量及发生时间；抄表日正向有功电能示值（总、各费率）；抄表日正向无功电能示值。

（4）历史月数据。终端将采集的数据在月末零点（每月 1 日零点）生成各种历史月数据，并保存最近 12 个月的月数据，数据内容根据数据源的不同，具体包括如下。

终端数据：月总最大有功功率及发生时间；月正向/反向有功电能量（总、各费率）；月正向/反向无功总电能量；月电压越限统计数据；月不平衡度越限累计时间；月电流越限统计数据；月功率因数区段累计时间；终端月供电时间、月复位累计次数；终端月控制统计数据；终端与主站月通信流量。

电能表数据：月有功最大需量及发生时间；月正向/反向有功电能示值（总、各费率）；月正向/反向无功电能示值；月一/四象限无功电能示值；月二/三象限无功电能示值；月电压越限统计数据。

（5）电能表运行状况监测。终端能够监测电能表运行状况，可监测的主要电能表运行状况有电能表参数变更、电能表时间超差、电表故障信息、电能表示度下降、电能量超差、电能表飞走、电能表停走等。

（6）电能质量数据统计。终端对电压监测越限统计，具有电压偏差监测及电压合格率统计的功能。终端有月统计的功能，可按照设定的允许电压上、下限值，统计电压合格率及合格累计时间、电压超上限率及相应累计时间、电压超下限率及相应累计时间。

终端可按设置的功率因数分段限值对监测点的功率因数进行分析统计，记录每月功率因数越限值发生在各区段的累计时间。

（四）采集终端远程控制功能

根据开展有序用电工作的需要，采集终端能够对客户的负荷进行远方控制。采集终端控制功能主要分为功率定值控制、电量定值控制、保电/剔除、远方控制、事件记录这几大类。

（1）功率定值控制。主站向终端下发功率控制投入命令及参数，终端在所定限值范围内监测实时功率，当不在保电状态时，功率达到限值则自动执行功率定值闭环控制功能，执行跳闸。功率定值控制解除或控制时段结束后，终端允许用户合上由于功率定值控制引起的跳闸开关。

功率定值闭环控制根据控制参数不同分为时段功控、厂休功控、营业报停功控和当前功率下浮控等控制类型。控制的优先级由高到低是当前功率下浮控、营业报停功控、厂休功控、时段功控。若多种功率控制类型同时投入，只执行优先级最高的功率控制类型。在参数设置、控制投入或解除，以及控制执行时应有音响告警通知用户。各类功率控制定值先要和保安定值比较，如大于保安定值就按功率控制定值执行，小于保安定值就按保安定值执行。

终端进行时段功控时，主站依次向终端下发功控时段、功率定值、定值浮动系数、告警时间、控制轮次等参数，终端收到这些命令后设置相应参数。主站向终端下发时段功控投入命令，终端收到该命令后显示“时段功控投入”状态，当不在保电状态时，终端在功控时段内监测实时功率，自动执行功率定值控制功能。控制过程中终端在显示屏上显示定值、控制对象、执行结果等。控制时段结束或时段功控解除后，应有音响通知客户，允许客户合上由于时段功控引起的跳闸开关。

终端进行厂休功控时，主站向终端下发厂休功控参数（功率定值、控制延续时间等）以及控制轮次等，终端收到这些命令后设置相应参数。主站向终端下发厂休功控投入命令，终端收到该命令后显示“厂休功控投入”状态，当不在保电状态时，终端在厂休日监测实时功率，自动执行功率定值控制功能。控制过程中终端在显示屏上显示定值、控制对象、执行结果等。控制时段结束或厂休功控解除后，应有音响通知客户，允许客户合上由于厂休功控引起的跳闸开关。

终端进行营业报停功控时，根据客户申请营业报停起、止时间，主站向终端下发营业报停功控参数，终端收到这些命令后设置相应参数。主站向终端下发营业报停功控投入命令，终端收到该命令后显示“营业报停功控投入”状态，当不在保电状态时，终端在报停时间内监测实时功率，自动执行功率定值控制功能，并在显示屏上显示相应信息。营业报停时间结束或营业报停功控解除后，应有音响通知客户，允许客户合上由于营业报停功控引起的跳闸开关。

终端进行当前功率下浮控时，主站向终端下发功率下浮控的功率计算滑差时间 t_m(min)、定值下浮系数 $k\%$等参数。终端收到这些参数后计算当前功率定值。终端收到当前功率下浮控制投入命令后，显示“当前功率下浮控投入”状态，终端不在保电状态时，自动执行功率定值控制功能，直至实时功率在当前定值之下。当前功率下浮控解除或控制时段结束后，终端有音响通知客户，允许客户合上由于当前功率下浮控引起的跳闸开关。

终端可由主站远方投入或解除其功率定值闭环控制的功能，并有音响告警通知客户和在显示屏上显示状态。功控解除，应自动撤销由功率定值闭环控制引起的跳闸控制，并有音响通知客户。当终端处于保电状态时，不执行功率定值闭环控制的跳闸。

（2）电量定值控制。电量定值控制主要包括月电控、购电量（费）控等类型。终端进行月电控时，主站依次向终端下发月电能量定值、浮动系数及控制轮次等参数设置命令，终端收到这些命令后设置月电能量定值、浮动系数及控制轮次等相应参数，并有音响告警通知客户。主站向终端下发月电控投入命令，终端收到该命令后显示“月电控投入”状态，监测月电能量，自动执行月电能量定值闭环控制功能，闭环控制的过程中终端在显示屏上显示定值、控制对象、执行结果等信息。月电控解除或月末24时，终端允许客户合上由于月电控引起的跳闸开关。

终端进行购电控时，主站向终端下发购电量（费）控参数设置命令，包括购电单号、购电量（费）值、报警门限值、跳闸门限值、各费率时段的费率等参数，终端收到这些参数设置命令后设置相应参数，并有音响告警通知客户。主站向终端下发购电量（费）控投入命令，终端收到该命令后显示“购电控投入”状态，自动执行购电量（费）闭环控制功能。终端监测剩余电能量，如剩余电能量（或电费）小于设定的告警门限值，发出音响告警信号；

剩余电能量（或电费）小于设定的跳闸门限值时，按投入轮次动作输出继电器，控制相应的被控负荷开关。终端自动执行购电量（费）定值闭环控制的过程中可在显示屏上显示剩余电能量、控制对象、执行结果等信息。购电量（费）控解除或重新购电使剩余电能量（或电费）大于跳闸门限时，终端允许客户合上由于购电量（费）控引起的跳闸开关。

（3）保电/剔除。终端接收到主站下发的保电投入命令后，进入保电状态，自动解除原有控制状态，并在任何情况下均不执行跳闸命令。终端接收到主站的保电解除命令，恢复正常执行控制命令。在终端上电或与主站通信持续不能连接时，终端自动进入保电状态，待终端与主站恢复通信连接后，终端自动恢复到断线前的控制状态。终端接收到主站下发的剔除投入命令后，除对时命令外，对其他任何广播命令或终端组地址控制命令均不响应。终端收到主站的剔除解除命令，恢复到正常通信状态。

（4）远方控制。终端接收主站的跳闸控制命令后，按设定的告警延迟时间、限电时间和控制轮次动作输出继电器，控制相应被控负荷开关；同时终端应有音响告警通知用户，并记录跳闸时间、跳闸轮次、跳闸前功率、跳闸后 2min 功率等，显示屏则显示执行结果。终端接收到主站的允许合闸控制命令后，应有音响告警通知用户，允许用户合闸。

（5）事件记录。终端根据主站设置的事件属性按照重要事件和一般事件分类记录。每条记录的内容包括事件类型、发生时间及相关情况。对于主站设置的重要事件，当事件发生后终端实时刷新重要事件计数器内容，记为记录，并可以通过主站请求访问召测事件记录，对于主站设置的一般事件，当事件发生后终端实时刷新一般事件计数器内容，记为事件记录，等待主站查询。终端记录的主要事件见表 1-2。

表 1-2　　采集终端事件记录

序号	数据项	数据源
1	数据初始化和版本变更记录	终端
2	参数丢失记录	终端
3	参数变更记录	终端
4	状态量变位记录	终端
5	遥控跳闸记录	终端
6	功控跳闸记录	终端
7	电控跳闸记录	终端
8	电能表参数变更	电能表
9	电流回路异常	电能表、交流采样
10	电压回路异常	电能表、交流采样
11	相序异常	电能表、交流采样
12	电能表时间超差	终端
13	电能表故障信息	电能表
14	终端停/上电事件	终端
15	电压/电流不平衡越限	终端
16	购电参数设置记录	终端
17	消息认证错误记录	终端

续表

序号	数据项	数据源
18	终端故障记录	终端
19	有功总电能量差动越限事件记录	终端
20	电压越限记录	终端
21	电流越限记录	终端
22	视在功率越限记录	终端
23	电能表示度下降	终端
24	电能量超差	终端
25	电能表飞走	终端
26	电能表停走	终端
27	485抄表失败	终端
28	终端与主站通信流量超门限	终端
29	电能表运行状态字变位	电能表

（五）终端其他功能

终端能接收主站的时钟召测和对时命令，对时误差小于5s。终端时钟24h内走时误差小于1s。电源失电后，时钟能保持正常工作。终端能由主站或在本地设置和查询TV变比KTV、TA变比KTA以及电能表脉冲常数K_p（imp/kWh或imp/kvarh）。

终端能由主站设置和查询电压及电流越限值、功率因数分段限值等。终端能由主站设置和查询功控各时段和相应控制定值、定值浮动系数等时段功控参数以及厂休功控、营业报停功控和当前功率下浮控参数，控制轮次及告警时间等。改变定值时伴有音响信号。终端能由主站设置和查询终端组地址、终端配置及配置参数、通信参数等，并能查询终端ID。终端能由主站设置和查询抄表日、抄表时间、抄表间隔等抄表参数。

终端显示采用液晶显示；具有状态指示，指示终端电源、通信、抄表等工作状态。并可显示当前用电情况、抄表数据、终端参数、维护信息等。

终端可通过本地维护接口设置终端参数，进行软件升级等。终端具有自测试、自诊断功能，发现终端的部件工作异常时伴有记录。终端可记录每日自恢复次数。终端接收到主站下发的初始化命令后，分别对硬件、参数区、数据区进行初始化，参数区置为缺省值，数据区清零，控制解除。

终端软件可通过远程通信信道实现在线软件下载。断点续传：终端进行远程软件下载时，终端软件具有断点续传能力。终端能通过本地显示或远程召测查询终端版本信息。终端应能统计与主站的通信流量。

现场技能操作实训指导

一、工作任务描述

1. 任务名称

专公变终端的识读。

2. 适用对象

电能（用能）信息采集与监控技术人员。

3. 具体任务

对运行状态下的专公变终端的运行信息进行判读，处理相关识读信息并记录表格。

4. 工作规范及要求

（1）给定在线运行专公变终端一套，完成终端的规格及型号等基本信息的识读及填写。

（2）完成终端与电能表下行通信信息的识读。

（3）完成终端与主站上行通信信息的识读。

（4）完成终端运行状态及与电能表和主站通信的情况记录。

5. 时间要求

本模块操作时间为 30min，时间结束立即终止任务。

二、现场实操作业步骤

1. 着装

正确佩戴安全帽，着棉质工作服并扣好衣扣和袖口，穿绝缘鞋并系好鞋带，戴棉质线手套。正确佩戴工作牌和工具包。

2. 专公变终端的识读现场安全措施布置

（1）明确工作任务。

（2）现场确认识读的专公变终端的位置及周围环境。

（3）使用合格的安全工器具，做好验电等安全措施，在工作位置设立标示牌或安全护栏。

3. 基本信息识读

给定在线运行专公变终端一套，完成终端的规格及型号等基本信息的识读及填写。图 1-1 为某厂家生产的专变采集终端，加电后使之保持在线运行状态。

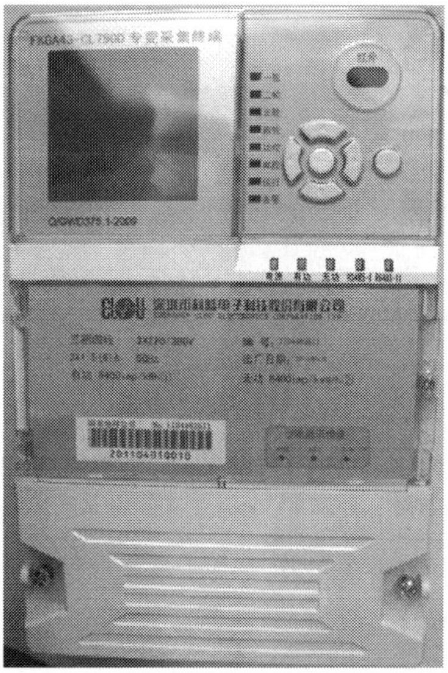

图 1-1 专变采集终端外观

对专变采集终端外观进行检查，逐项可以获得其基本信息。表 1-3 为某厂家生产专变终端基本信息识读结果。

表 1-3 某厂家终端基本信息识读结果

终端名称：FKGA43-CL790D 专变采集终端	生产厂家：科陆电子股份有限公司
规格：FKGA43-CL790D	出厂编号：
资产编号：	规范版本：Q/GWD375.1—2009
额定电压：3×220/380V	额定电流：3×1.5（6）A
上行通信类型：GPRS	下行通信类型：RS485

4. 下行通信信息的识读

终端在通电状态下不按任何键时，液晶显示屏显示主画面如图 1-2 所示。

当液晶显示屏显示主画面时，按“确定”键进入主菜单画面，主菜单画面分两屏显示，如图 1-3 和图 1-4 所示。

图 1-2　主画面

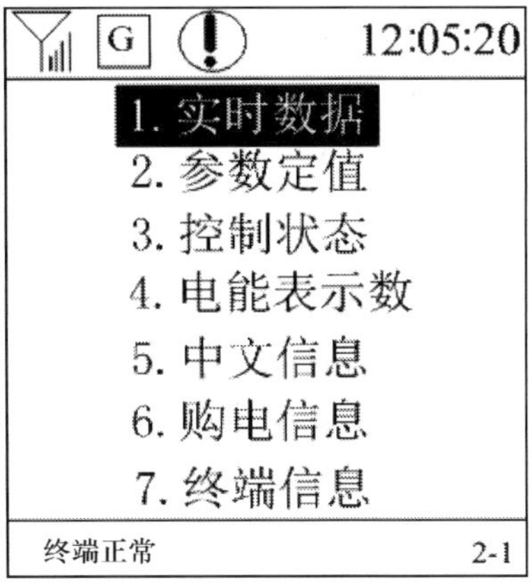

图 1-3　主菜单屏 1

操作终端功能键，按照菜单指示信息翻阅电能表（计量点 2）实时数据，某厂家终端“实时数据”交互页面显示如图 1-5 所示。

图 1-4　主菜单屏 2

图 1-5　某厂家终端“实时数据”交互界面

逐项完成终端与电能表下行通信信息的识读，填写电能表信息，专变终端所采集电能表依次作为测量点 2、3、4……某厂家终端采集电能表（测量点 2）的识读结果记录见表 1-4。

表 1-4　某厂家终端采集电能表（测量点 2）识读结果

测量点号	1	2	3
电表地址		10034903	
电表型号		DTSD 电子式多功能电能表	
有/无功常数		6400imp/kWh；6400imp/kvarh	
电压等级		3×220/380V	
接线方式		三相四线	
TV 倍率 2		220/220	
TA 倍率 2		40/5	

终端内的测量点 1 默认为交流采样使用，一个电能表对应一个测量点号，接入终端的电能表序号由 2 开始，测量点号连续增加，不能重复或间断使用。

一个测量点号应对应一处计量点，计量点的名称在用电信息采集系统中应包含所接计量点的开关编号及线路或设备名称。

一个测量点的电能表表地址是终端抄表时的唯一依据，应符合终端与电能表通信协议要求。同一通信回路中，电表地址不能重复，由厂家提供，出现相同地址时应修改；应分别记下所接有、无功表计的地址，如有、无功为同一只电子表计量，则记下该只表计地址。

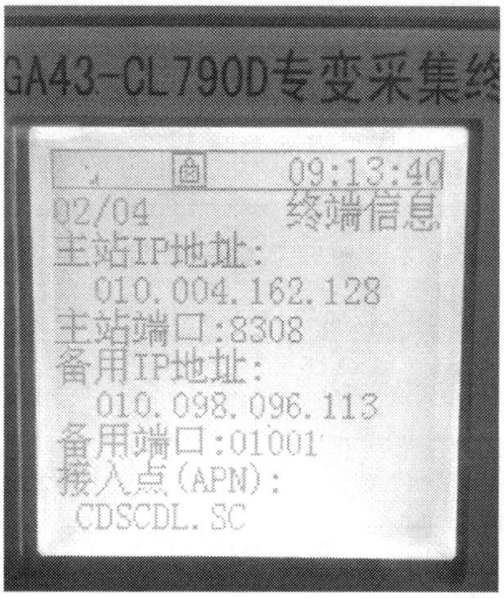

图 1-6　某厂家终端通信信息交互页面

当终端以脉冲方式采集电能表电量，必须提供电表有/无功常数。

5. 上行通信信息的识读

在菜单树中，终端参数设置、系统管理两个子菜单属于隐藏菜单，只有在开启终端门并按下“编程开关”后方可激活菜单。同时，在终端顶层菜单栏会显示编程开关“P”，此时输入正确的密码以后才能对终端进行相应的操作，默认密码为“1111”。操作终端功能键，进入“终端信息”页，如图 1-6 所示。

逐项完成终端与主站上行通信信息的识读，填写终端上行通信信息，某厂家终端上行通信信息识读结果见表 1-5。

表 1-5　　某厂家终端上行通信参数识读结果

行政区码	5101	接线方式	三线四线
终端地址	19369	TV 倍率 1	220/220
APN	CDSCDL. SC	TA 倍率 1	200/5
主站 IP	010.004.162.128	端口	8309
SIM 卡号	218.18.115.86	信号强度	25
电话号码	89860063190419003068	天线形式	□内置　☑外置
运行状态	正在通信		

对终端上行通信信息识读时应注意以下问题。

（1）信号强度：与信号强度一起用于确认终端应使用的天线种类。

（2）终端编号：位于终端面皮上，与条码同时使用，具有唯一性。

（3）行政区码：由当地电力部门规定，终端初始设定为串号的倒数第 5～8 位，需现场修改。

（4）终端地址：为终端串号最后 6 位，可修改（但不推荐）。

（5）APN：网络接入点名称，由移动公司为其专线用户指定，终端出厂时设定为移动公网接入号“cmnet”，使用前必须修改。

（6）主站IP：IP是终端登录的服务器静态网络地址，由移动公司为其专线用户分配，终端出厂时设置为检验测试时的公网IP，使用前必须修改。

（7）端口：则由主站指定，可修改（推荐使用厂家提供的端口）。

（8）SIM卡号与电话号码：SIM卡背面标示的20位数字即SIM卡的卡号，具有唯一性，与该卡电话号码一起使用，移动公司查询该卡时使用。

（9）通信方式：终端与主站间的通信通道，由终端厂家提供。

（10）电压等级：要求终端具有交流采样功能时，必须准确设置，电压等级规定了终端安全使用电压，该电压必须与终端标明的等级相符。

（11）接线方式：应按终端面板上标注的填写。

（12）天线形式：出厂时，均为内置天线，当终端安装于信号较弱或电磁屏蔽较强的场所时，应使用外置天线（推荐使用3m天线），信号条件良好时，尽量使用内置天线。

6. 运行状态记录

完成终端运行状态及与电能表和主站通信的情况记录，填写“专公变终端运行情况记录单”，见表1-6。

表1-6　专公变终端运行情况记录单

项目	正向有功总	反向有功总	正向无功	电压（V）			电流（A）			有功功率（kW）	无功功率（kvar）	功率因数
				U_a	U_b	U_c	I_a	I_b	I_c			
能表电量示数	12.5476kWh	2.6548kWh	8.6723kWh	210	209	211	1.5	1.6	1.4	3.09	1.71	0.91
终端电量示数	12.5476kWh	2.6548kWh	8.6723kWh	210	209	211	1.5	1.6	1.4	3.09	1.71	0.91
终端与电能表通信情况	通信状态：		正常通信	异常判断：无								
	抄读信息是否一致：		一致									
终端与主站通信情况	通信状态：		正常通信	异常判断：无								

三、现场培训总结提炼

本模块重点介绍了终端安装的管理流程、安装接线、参数设置等。通过对本模块的学习，可使用电信息采集与监控岗位一线人员具备现场安装终端的技术能力。

通过现场实际操作训练，学员能够掌握专变采集终端现场安装注意事项，提高对现场安装工作中常出现问题的分析解决能力。

技能操作考核评分细则

<table>
<tr><td colspan="8">编号：　　姓名：　　岗位：　　单位：</td></tr>
<tr><td colspan="8">成绩：　　考评员：　　考评组长：　　日期：</td></tr>
<tr><td colspan="2">技能操作模块名称</td><td>专公变终端的识读</td><td>适用岗位</td><td>电能（用能）信息采集与监控</td><td>考核时限</td><td colspan="2">30min</td></tr>
<tr><td colspan="2" rowspan="4">需要说明的问题和要求</td><td colspan="6">（1）学员一人独立检查、操作，考评员监护；</td></tr>
<tr><td colspan="6">（2）给定在线运行专公变终端一套，完成终端的规格及型号等基本信息的识读及填写；</td></tr>
<tr><td colspan="6">（3）熟练掌握终端与电能表通信信息的识读技能；</td></tr>
<tr><td colspan="6">（4）熟练掌握终端与主站通信信息的识读技能</td></tr>
<tr><td colspan="2" rowspan="2">工具、材料、设备、场地</td><td colspan="6">（1）用电信息采集系统，新安装的专变采集终端一个，使之保持在线运行状态；</td></tr>
<tr><td colspan="6">（2）学员自备记录本或钢笔</td></tr>
<tr><td>序号</td><td>项目名称</td><td>质量要求</td><td>满分</td><td>扣分标准</td><td>扣分原因</td><td>扣分</td><td>得分</td></tr>
<tr><td>1</td><td>基本信息识读</td><td>给定在线运行专公变终端一套，完成终端的规格及型号等基本信息的识读及填写</td><td>25</td><td>（1）漏读、错读一个信息点扣2分；
（2）漏读、错填写记录卡，一处扣1分；
（3）不规范一处扣0.5分</td><td></td><td></td><td></td></tr>
<tr><td>2</td><td>下行通信信息的识读</td><td>完成终端与电能表下行通信信息的识读，填写电能表信息</td><td>25</td><td>（1）漏读、错读一个信息点扣2分；
（2）漏读、错填写记录卡，一处扣1分；
（3）不规范一处扣0.5分</td><td></td><td></td><td></td></tr>
<tr><td>3</td><td>上行通信信息的识读</td><td>完成终端与主站上行通信信息的识读，填写终端信息</td><td>25</td><td>（1）漏读、错读一个信息点扣2分；
（2）漏读、错填写记录卡，一处扣1分；
（3）不规范一处扣0.5分</td><td></td><td></td><td></td></tr>
<tr><td>4</td><td>运行状态记录</td><td>完成终端运行状态及与电能表和主站通信的情况记录，填写“专公变终端运行情况记录单”</td><td>25</td><td>（1）漏读、错读一个信息扣5分；
（2）未在“专公变终端运行情况记录单”上注明一项扣5分；
（3）分析结果不正确一处扣5分；
（4）误报异常一处扣5分</td><td></td><td></td><td></td></tr>
<tr><td>8</td><td>合计</td><td></td><td>100</td><td></td><td></td><td></td><td></td></tr>
</table>

技能操作考核记录页

编号：__________　姓名：__________　单位：__________

编号：

终端基本信息			
终端名称：		生产厂家：	
规格：		出厂编号：	
资产编号：		规范版本：	
额定电压：		额定电流：	
上行通信类型：		下行通信类型：	
终端参数信息			
行政区码		接线方式	
终端地址		TV 倍率 1	
APN		TA 倍率 1	
主站 IP		端口	
SIM 卡号		信号强度	
电话号码		天线形式	□内置 □外置
运行状态			
电能表信息			
测量点号	1	2	3
电表地址			
电表型号			
有/无功常数			
电压等级			
接线方式			
TV 倍率 2			
TA 倍率 2			

专公变终端运行情况记录单

项目	正向有功总	反向有功总	正向无功	电压（V）			电流（A）			有功功率（kW）	无功功率（kvar）	功率因数
				U_a	U_b	U_c	I_a	I_b	I_c			
电能表电量示数												
终端电量示数												
终端与电能表通信情况	通信状态：			异常判断：								
	抄读信息是否一致：											
终端与主站通信情况	通信状态：			异常判断：								

专变终端的安装

培训目的

用电信息采集终端安装工作是用电信息采集系统建设中的重要环节，不仅要做到终端电源线和功能线的连接正确，而且要符合相关工艺标准，达到规范、整齐、美观的要求，以保证用电信息采集终端安装质量，为用电信息采集系统的正常运行打下基础。

通过本模块的学习和训练，用电信息采集与监控专业技术人员能够掌握在现场开展用电信息采集终端安装工作的流程和方法，掌握专变终端安装接线原理、工艺标准和现场安全注意事项，具备在现场完成安装用电信息采集专变终端的技术能力。

专业知识准备

用电信息采集终端根据应用场所分为专变采集终端、集中抄表终端（包括集中器、采集器）、分布式能源监控终端等，其中专变用户电能信息采集终端涉及范围广、种类多。

一、专变用户电能信息采集装置

专变采集终端是实现专变用户电能信息遥测、遥控的主要设备，是专变用户电能信息采集装置的关键组成部分，专变用户电能信息采集装置由专变采集终端、计量装置、终端箱体构成。

（1）专变采集终端。根据专变采集终端控制类型划分为本地费控专变采集终端、远程费控专变采集终端两种类型。

（2）计量装置。根据用户现场计量装置安装方式划分为户外杆架式、户内屏柜式两种方式。

（3）终端箱体。根据采集终端箱体划分为独立箱体、与表共用箱体、表屏三种形式。

在运行维护过程中，因业扩、迁址、新装及轮换等业务需求会引发专变用户电能信息采集终端安装工作。专变用户电能信息采集装置分为户外杆架式和户内屏柜式两大安装模式，按各种组合可以形成表2-1所示的10个典型安装方案。

表2-1　　专变用户电能信息采集装置典型安装方案

序号	适用范围	方案组成		
		采集终端	计量装置	终端箱体
1	适用于计量表计安装在户外杆架的专变用户（高供高计、高供低计）	本地费控	户外杆架式	独立箱体
2		本地费控		与表共用箱体
3		远程费控		独立箱体
4		远程费控		与表共用箱体

续表

序号	适用范围	方案组成		
		采集终端	计量装置	终端箱体
5	适用于计量表计安装在户内屏柜的专变用户（高供高计、高供低计）	本地费控	户内屏柜式	独立箱体
6		本地费控		与表共用箱体
7		本地费控		表屏
8		远程费控		独立箱体
9		远程费控		与表共用箱体
10		远程费控		表屏

本模块主要培训用电信息采集一线运维人员户内屏柜式专变采集终端的安装技术，全面掌握专变终端现场安装的管理流程、主要设备配置、安装技术要求及安全注意事项等。

二、专变用户电能信息采集装置的主要配置设备

1. 采集终端

专变采集终端Ⅲ型外观尺寸示意图如图 2-1 所示。

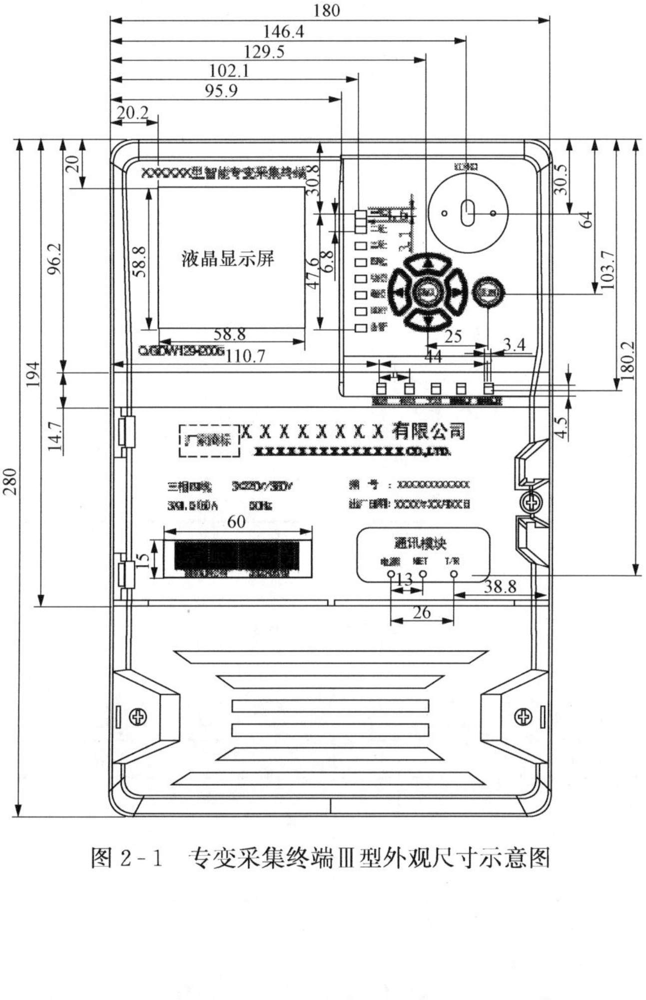

图 2-1　专变采集终端Ⅲ型外观尺寸示意图

专变采集终端的功能配置见表 2-2。

表 2-2　　专变采集终端功能配置表

序号	项目		有控制功能		无控制功能	
			必备	选配	必备	选配
1	数据采集	状态量采集	√			√
		电能表数据采集	√		√	
		脉冲量采集	√			√
		交流模拟量采集		√		√
		直流模拟量采集		√		√
2	数据处理	实时和当前数据	√		√	
		历史数据	√			√
		电能质量合格率统计		√		√
3	参数设置和查询	时钟召测和对时	√		√	
		TA 变比、TV 变比及电能表常数	√		√	
		电压、电流限值		√		√
		终端抄表	√		√	
		抄表参数	√		√	
4	控制	功率控制	√			
		电能量控制	√			
		保电/剔除	√			
		遥控	√			
5	记录	重要事件记录	√		√	
		一般事件记录	√		√	
6	数据传输	与主站通信	√		√	
		与电能表通信	√		√	
7	本地功能	显示相关信息	√		√	
		客户数据接口		√		√
8	终端维护	自检自恢复	√		√	
		终端初始化	√		√	

专变采集终端的技术参数见表 2-3。

表 2-3　　专变采集终端技术参数表

序号	参数名称		单位	标准参数值
1	额定电压		V	57.7/100±20%V　220/380±20%V
2	额定电流		A	1.5A　　5A
3	参比频率		Hz	50
4	耐热阻燃温度	底座、上盖、端盖	℃	650±10
		端子座	℃	960±15

续表

序号	参数名称		单位	标准参数值
5	接线柱压力特性	电压、电流接线端子	N	≥60
		辅助端子	N	≥10
6	液晶屏	窗口尺寸	mm	≥60×60
		分辨率	pixels	160×160
		工作温度	℃	−25～+70
7	环境条件	最高温度	℃	+55（遮蔽）/+70（户外）
		最低温度	℃	−25（遮蔽）/−40（户外）
		湿度	%	10～100
		大气压力海拔 4000m 以下	kPa	63.0～108.0
8	消耗功率	非通信状态总功耗		有功功率≤5W（单相） 视在功率≤10VA（单相）
		电压线路功耗	VA	≤0.5（单相）
		电流线路功耗	VA	≤0.25（单相）
9	时钟电池寿命		年	寿命（断电）≥5
10	与电能表通信规约			DL/T 645—2007　IEC 61107　IEC 62056（DLMS）
11	远程通信模块	制式		GPRS、有线网络、其他
		与主站通信协议		应符合 Q/GDW 376.1—2009
12	通信接口	红外	个	1
		RS-485	个	≥1
		以太网		可扩展
13	本地维护接口		个	1
14	输入/输出接口	遥控	路	4
		告警		有
		开关量		6
		门触点		有
15	控制输出	触点额定功率		交流 250V/5A、380V/2A 直流 110V/0.5A 的纯电阻负载
		触点寿命	次	通、断≥10^5
16	测量误差	电压	%	±0.5
		电流	%	±0.5
		有功功率	%	±1
		无功功率、功率因数	%	±2%
17	时钟准确度	对时误差	s	≤5
		走时误差	s/d	<1
		显示误差	s/d	≤2
18	平均无故障工作时间（MTBF）		h	≥2×10^4

2. 电能表

专变用户电能信息采集装置配置智能电能表或全电子多功能电能表作为计量装置，电能表应具有符合 DL/T 645—2007 标准的独立 RS-485 通信接口。

3. 终端箱体

专变用户电能信息采集装置箱体材料可选用金属或非金属。户外安装金属材料宜选用无磁性不锈钢板，厚度不低于 1mm；户内安装金属材料可选用冷轧钢板，厚度不低于 2mm。非金属材料应选用环保可回收、可再生的材料，厚度不低于 3mm，如阻燃 ABS、聚碳酸酯等。

箱内各电器之间以及它们对外壳的距离，满足电气间隙、爬电距离以及操作所需的间隔。箱体全封闭设计，进出线部位应能密封。箱体使用寿命不低于 20 年。户内安装防护等级不低于 IP30，户外不低于 IP54。

三、专变采集终端安装管理流程

1. 施工管理要求

国家电力监管部门规定，参加采集终端安装施工的单位必须具有“承装（修）电力设施施工许可证”和相应的电气施工资质证书。现场施工人员必须持有电工证并经当地供电企业电力安全规程考试并合格。

现场施工严格执行《电力安全工作规程》的有关部分要求，切实做好保证安全的组织措施和技术措施，严格执行用户工作票双签发制度。现场施工必须指定工作负责人（监护人），一般由经考核合格且富有工作经验的人员担任。工作负责人应认真办理工作许可手续，开好开工会、收工会，对工作的全过程负责监护，以保证工作人员的人身安全和设备安全。

2. 专变采集终端安装流程

根据专变采集终端安装总体进度安排的要求，制订工程实施、配置安装、调试、验收工作计划，安装调试计划必须明确具体台区的施工周期、进度要求、台区总户数、户名、地址、户号、电能表地址以及设备配置总量等与安装有关的内容。

专变采集终端安装管理流程如图 2-2 所示。

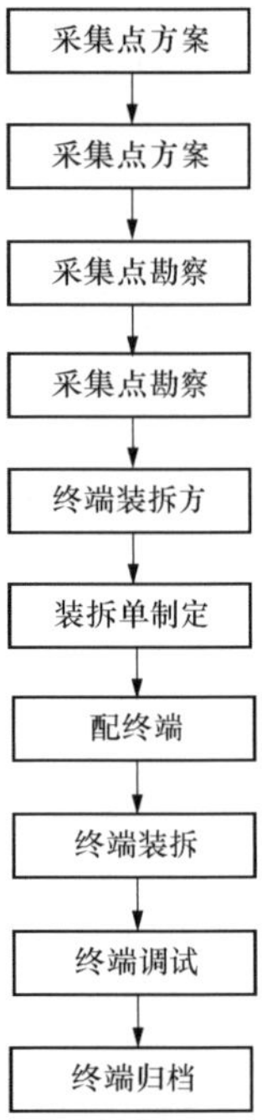

图 2-2　专变采集终端安装管理流程图

为了保证终端现场安装工作安全有效进行和有利于今后的运行维护，在进行采集终端现场安装前需要收集用户现场的信息，主要内容包括：用户的基本信息；用户电气设备信息；用户开关接入控制方案信息；485 线、控制线的走向、天线的安装位置；预约的采集终端安装时间等，具体详见表 2-4。

根据现场勘察的情况确定的安装方案需要提交主管部门审核批准，书面通知供电公司配合部门，由配合部门提前通知用电客户停电。供电公司确定好现场安装人员后，在安装前一天须签发安装工作任务单（见表 2-5），由作业人员领取安装所需采集终端。

表 2-4　　用电信息采集终端安装现场勘察记录单

<table>
<tr><td rowspan="5">基本信息</td><td>客户名称</td><td colspan="3"></td><td></td><td colspan="2">客户编号</td><td colspan="2"></td></tr>
<tr><td>地址</td><td colspan="3"></td><td></td><td colspan="2">客户联系人</td><td colspan="2"></td></tr>
<tr><td>供电线路</td><td></td><td colspan="2">所属变电站</td><td></td><td colspan="2">客户联系电话</td><td colspan="2"></td></tr>
<tr><td>用电类别</td><td></td><td colspan="2">用电性质</td><td></td><td colspan="2">行业属性</td><td colspan="2"></td></tr>
<tr><td>电压等级</td><td></td><td colspan="2">变压器
台数/容量</td><td></td><td colspan="2">计量是否外移</td><td colspan="2"></td></tr>
<tr><td rowspan="9">终端安装信息</td><td>配电房形式</td><td></td><td colspan="2">终端安装位置</td><td></td><td colspan="2">电源点位置</td><td colspan="2"></td></tr>
<tr><td>信号强度</td><td></td><td colspan="2">信号线情况</td><td></td><td colspan="2">接地位置</td><td colspan="2"></td></tr>
<tr><td>天线安装位置</td><td></td><td colspan="2">是否预付费客户</td><td></td><td colspan="2">是否地下室</td><td colspan="2"></td></tr>
<tr><td rowspan="5">控制开关接入方案</td><td>轮次</td><td colspan="2">控制负荷类别</td><td>开关名称</td><td colspan="4">跳闸方式</td></tr>
<tr><td>第 1 轮</td><td colspan="2"></td><td></td><td colspan="4"></td></tr>
<tr><td>第 2 轮</td><td colspan="2"></td><td></td><td colspan="4"></td></tr>
<tr><td>第 3 轮</td><td colspan="2"></td><td></td><td colspan="4"></td></tr>
<tr><td>第 4 轮</td><td colspan="2"></td><td></td><td colspan="4"></td></tr>
<tr><td>表计类别</td><td colspan="2">主计量</td><td colspan="6">扣减表</td></tr>
<tr><td rowspan="10">表计信息及接入情况</td><td>序号</td><td>1</td><td>2</td><td>3</td><td>4</td><td>5</td><td>6</td><td>7</td><td>8</td></tr>
<tr><td>计量方式</td><td></td><td></td><td></td><td></td><td></td><td></td><td></td><td></td></tr>
<tr><td>表计位置</td><td></td><td></td><td></td><td></td><td></td><td></td><td></td><td></td></tr>
<tr><td>表计型号及厂</td><td></td><td></td><td></td><td></td><td></td><td></td><td></td><td></td></tr>
<tr><td>表地址</td><td></td><td></td><td></td><td></td><td></td><td></td><td></td><td></td></tr>
<tr><td>电表常数</td><td></td><td></td><td></td><td></td><td></td><td></td><td></td><td></td></tr>
<tr><td>PT</td><td></td><td></td><td></td><td></td><td></td><td></td><td></td><td></td></tr>
<tr><td>CT</td><td></td><td></td><td></td><td></td><td></td><td></td><td></td><td></td></tr>
<tr><td>接线形式</td><td></td><td></td><td></td><td></td><td></td><td></td><td></td><td></td></tr>
<tr><td>数据采集</td><td>485□/
脉冲□</td><td>485□/
脉冲□</td><td>485□/
脉冲□</td><td>485□/
脉冲□</td><td>485□/
脉冲□</td><td>485□/
脉冲□</td><td>485□/
脉冲□</td><td>485□/
脉冲□</td></tr>
<tr><td rowspan="2">签字</td><td>客户：</td><td colspan="3"></td><td>供电公司</td><td colspan="2"></td><td colspan="2" rowspan="2">备注：</td></tr>
<tr><td>勘察人员：</td><td colspan="3"></td><td>安装时间：</td><td colspan="2"></td></tr>
</table>

表 2-5 专变采集终端现场工作任务单 No：

工作负责人姓名：________ 计划工作时间：____年____月____日 星期（ ）

营业户号	客户名称	地址	联系人	联系电话
工作任务				
1. 内容： 2. 要求：				
处理结果				
处理人________处理日期________				
其他说明：				

工作票签发人签名：________ 接收人签名：________

安装人员必须准备好工具，主要包括剥线钳、电锤终端、手枪钻、螺钉刀、尖嘴钳、斜口钳、万用表、手电/应急灯、棉手套、升缩梯等。到达安装现场后，工作负责人根据签发的工作票内容对工作现场进行危险点辨识，向工作人员交代工作内容、安全注意事项及存在的危险点，做好现场安全技术措施后才能开始工作。

主站到专变终端的信道主要有配电光纤专网、GPRS/CDMA 等无线公网、230MHz 无线专网、电力载波四种，信道建设按照建设规划和设计要求编制施工方案，建设单位依据国家电网公司通信信道建设管理规范 Q/GDW380.2—2009 开展单项工程中间检查，以实现系统和采集终端互联、互通，保障用电信息采集系统的可靠运行。

四、专变终端安装技术要求

新装、增容、改造电力工程中专变电能信息采集装置的安装应满足以下技术要求。

1. 专变终端设置原则

采集终端安装选择具体位置时需要尽量避免阳光直射或雨水会洒到终端箱体上，注意终端和高频电缆等装置距离高压母线、配电屏的距离，应留出安全距离及工作人员操作的空间方便维护人员维修更换，尽量选择有无线公网或者在载波能正常工作的范围内，避免安装在较潮湿、有强电磁场的地方，具体要求如下。

（1）新装、增容、改造专变电力用户，均应安装电能信息采集装置。

（2）有多个计量点且位置分散的用户，宜在每个计量点分别安装采集终端。

（3）应确保电能信息采集终端安装地点的信号场强长期稳定在 20dB 以上。

（4）采集终端安装位置以安全、方便且利于控制电缆（带有控制功能的终端）、数据采集电缆、电源电缆的走线和连接，便于使用为原则。

（5）采集终端安装位置离高压部分应满足安全距离，与一般物体距离不小于 100mm，与低压母线距离不小于 300mm（必须安装在低压柜内时）。

（6）采集终端应避免装在有强磁场和有腐蚀性气体及较大粉尘的地方，应尽量远离发热体，且保证终端周围空气流通。

（7）采集终端安装位置应能遮蔽雨雪与强光：如果所连接表计在计量柜屏内，则安装于屏内表计相邻处；如果所连接表计在室外计量表箱内，则安装在计量表箱内；如果室外表箱空间不够，则就近加装终端安装箱（也可加装相应尺寸电表箱）；也可将终端安装于配电室内，将 RS-485 通信线放至室外电能表处。

（8）采集终端应可靠固定，保证不歪斜、不松动，终端安装在墙上或屏外时，离地面高度应大于 1.5m。

（9）采集终端箱体机壳应通过截面为 $4mm^2$ 的多股铜芯线与配电室地网可靠接地，不可利用终端电源电缆中的零线接地。

（10）对于 GPRS 信号较弱的地下室，若采用 15m 天线仍然无法获得稳定的场强信号（≥20dB），则通过 RS-485 通信线将电能信息采集终端移至室外或方便管理的地点。

2. 终端基本配置

专变电力用户宜通过控制型采集终端实现管理控制，采集终端宜安装在计量屏、柜、箱内，采集终端应符合 DL/T 698.31、DL/T 698.33 的有关要求。

（1）为确保所采集电能量数据的真实、准确、可靠，采集终端应接入用户贸易结算用电能表和全部扣减电能表。

（2）采集终端的工作电源应根据现场条件，由独立的不可控电源供电，以保证采集终端正常工作。

（3）电能信息采集终端宜优先选用光纤网络方式向主站上传数据，否则选用 GPRS 等无线通信方式，或 MODEM 等其他有线通信方式。

（4）电能信息采集终端或预付费电能表跳闸接点容量不足或接点数量不够时，应加装中间继电器。

（5）管理控制至少应具有购电量不足报警和无购电电量跳闸的功能。

（6）专变采集终端接入的断路器控制回路应满足以下要求。

1）应指示和上传断路器合闸与跳闸的位置状态；自动合闸或跳闸时应有明显信号。

2）合闸或跳闸完成后应使命令脉冲自动解除。

3）有防止断路器“跳跃”的电气闭锁装置。

4）控制回路电缆截面不小于 1.5mm^2。

3. 终端接线原则

（1）终端采用两种工作电源，应根据现场情况分别采用 100V 终端或 220V 终端。100V 终端电源取自 TV 二次端子处（接入 U_a、U_b、U_c），220V 终端电源取自变压器低压总路出线端的刀闸上端（接入 U_a、U_b、U_c、U_n）。

（2）对安装现场无法接入 220V 工作电源或接入较为困难的，可从贸易结算用计量点的电能计量二次回路接入终端工作电源。

（3）如需采集终端实现交流采样功能，终端接线方式同三相三线、三相四线计量计费电能表接法一致，分别串入电流回路、并入电压回路。

（4）电能信息采集终端电源电缆采用铜质单芯绝缘线，RS-485 通信电缆采用普通屏蔽电缆，遥控线应采用铠装屏蔽电缆，安装在室外的终端遥信线应采用铠装屏蔽电缆，安装在配电室内的终端遥信线可采用普通屏蔽电缆。各种线缆不能用同一根多芯电缆。

（5）电缆沟、配电盘以外的信号、控制电缆必须穿硬管保护。配电盘内接线应尽量经过端子排。

（6）RS-485 通信线应采用两芯屏蔽线，并将屏蔽层可靠接地。为防止跨步电压干扰，每根 RS-485 通信线只能单侧接地。

（7）RS-485 通信线连接应采用手拉手方式接线，不应接成星形。RS-485 通信线总长度不宜超过 100m。

（8）带有控制功能的终端连接负荷控制开关原则上采取“一个负荷开关一根控制电缆”的方式，采集终端应接入用户三类及以下负荷。

（9）带有控制功能的终端装置接入被控开关时，终端接线应根据被控开关施压、失压方式分别接入其动合、动断触点。建议被控开关接入应尽可能选择常开方式。

（10）RS-485 通信线应尽量远离交流电源线及其他干扰源，在与其他强电电源线平行时，应至少保持 60mm 以上的间距。

（11）安装在箱变中的采集终端，为确保 GPRS 信道通畅，外置天线应经通风夹层引至箱变外。

（12）电能信息采集终端安装在户外的，应将语音报警盒通过架空电缆或电缆沟引至用户值班室。

（13）电能信息采集终端天线馈线长度不足时，在满足信号场强的情况下，可延长馈线，但最大增加长度不宜超过 5m。当馈线有多余时，不宜将其盘成环状放置，应截成适合长度并重新制作馈线电缆头。

（14）使用多股线时，应使用冷压头或上锡。

（15）各类线缆的敷设应横平竖直，转角处应满足转弯半径要求，不得陡折、斜拉、盘绕和扭绞，导线的颜色应遵循行业习惯。

（16）接线线缆两端应用号头做相应标识。

（17）线缆进入配电屏柜，应绑扎整齐固定，并标注线缆走向。电缆在屏、柜内敷设应与带电、发热、可动部件保持足够的距离。

五、专变采集终端调试

用电信息采集系统中，远程采集系统的安装调试工作按照主站系统、通信信道、采集设备三部分同时进行，分别调试，全部安装调试完毕后进行系统整体综合测试。

（1）调试前应与主站运行人员确认调试对象、核对调试项目内容，无误后方可进行调试操作。

（2）调试过程中可能引起用户停电的，应采取有效预防措施，保证客户的正常用电。

（3）带控制功能的准备采集终端（如 230MHz 专变采集终端）工作参数的设置（除部分通信参数外）、功能调试必须采用由主站运行人员下发、现场维护人员核对的方式。

（4）不带控制功能的采集终端可以由现场进行。现场进行采集终端工作参数设置时，要及时更新主站终端档案相关设置，确保采集终端的实际运行参数设置与运行主站档案设置完全一致。

（5）采集终端调试完毕后，调试结果应达到《电力用户用电信息采集系统建设验收管理规范》的要求。

（6）填写调试记录。调试记录应分户建立，归入设备档案管理。

六、终端现场安装注意事项

专变采集终端现场安装需注意以下几个方面的问题。

（1）应安装在系统或用户变电站内，安装位置应与客户现场配电设备保持整齐划一，不得占用巡视通道，不得妨碍用户的设备运行安全。

（2）本地通信宜采用 RS-485 通信方式，485 通信线要求有有效的屏蔽层，并采取总线方式来接入电能表，屏蔽层一般要单端接地。

（3）远程通信采用无线通信方式时，安装时应检查无线远程通信信号，必要时可安装外置天线。

（4）终端工作电源应以保证只要用户不全部失电，本装置就能正常工作为原则。当用户的高压回路带电时，终端应有工作电源。终端电源的取电，对高供高计用户推荐取自进线柜的中间变压器，对高供低计的用户推荐取自低压进线开关上端或低压进线。终端所控制的开关应在终端电源之后。

（5）控制开关接入应满足有序用电及预付费管理需要。终端控制的开关应不影响自备电源供电；负荷控制的被控开关应有可电动跳闸的操作机构和遥信开关位置的接点；要区分被控开关是加压还是失压跳闸。

（6）带模拟量采集功能终端的接入。用户受电装置应具备模拟量采集专用的互感器二次绕组。其终端采样回路不得接入电能计量装置二次回路中，而应优先接入进线柜（或避雷器柜、馈线柜、联络柜）的电压、电流互感器或计量柜的非电能计量用电压、电流互感器测量绕组二次回路中。二次回路导线电流导线截面积应不小于 $4mm^2$，电压导线截面积应不小于 $2.5mm^2$。

（7）脉冲、RS-485、电源、遥信和遥控等引线的两端均应加装与图纸相符的端子编号。

安装预付费采集终端的箱体还应满足以下特殊要求。

（1）单表位箱体内可安装一只预购电终端和一个语音报警器，多表位箱体内可安装一只三相全电子式多功能电能表、一个联合接线盒、一只预购电终端和一个语音报警器。

（2）箱体内有调节高度（0～2cm）的坐垫块，可调节终端与箱盖的距离，使箱盖距预购电终端面板刷卡感应区距离不大于 2cm。箱盖对应预购电终端部分为非金属透明材质，不干扰预购电IC卡与预购电终端间数据通信。

（3）终端、电能表、联合接线盒和语音报警器在箱体内的固定孔位可选可调。

（4）箱盖及箱体开口处应具备防雨设计，进出电缆处应有防水紧固设计。

（5）箱体应有通风口设计，具有良好的散热功能。

（6）箱体应有专用铅封孔、过线槽等配套设置，箱盖上下部均设有铅封孔。

（7）箱体上下左右均应设置敲落孔，敲落孔内侧加装能固定的活动挡板。

（8）箱体材料具有绝缘阻燃、耐高温、耐老化、耐冲击、防腐防潮防酸的特性。

（9）箱体可方便地固定在墙面或用抱箍固定在电杆上。

现场技能操作实训指导

一、工作任务描述

1. 任务名称

专变终端现场安装、调试。

2. 适用对象

电能（用能）信息采集与监控人员。

3. 具体任务

某高供高计用户，电流互感器/电能表、联合接线盒已随配电装置安装到位并带电运行，完成一只Ⅲ型专变终端安装及其二次导线连接。

4. 工作规范及要求

（1）按照DL/T 825—2002《电能计量接线规则》要求在规定的时间内完成一只专变终端的安装。

（2）连接电压、电流导线，确保连接牢固，接线正确无误。合理使用导线，横平竖直，排列整齐，达到工艺标准。

（3）正确连接RS-485信号线和控制输出线。

（4）设置终端初始信息，确保终端上线运行。

（5）现场正确处理装（换）表工作票。

（6）安装完成后，由考评员检查、通电。

（7）客户相关信息。

户号：________________________

户名：________________________

用电地址：____________________

终端地址：____________________

表地址：______________________

5. 时间要求

本模块操作时间为45min，时间结束立即终止任务。

二、现场实操作业步骤

1. 着装

正确佩戴安全帽，着棉质工作服并扣好衣扣和袖口，穿绝缘鞋并系好鞋带，戴棉质线手套，正确佩戴工作牌和工具包。

2. 采集终端安装现场安全措施布置

（1）查勘并办理工作票，明确工作任务。

（2）现场确认安装位置及停电范围。

（3）使用合格的安全工器具，做好停电、验电、挂接地线等安全措施，在工作位置设立标示牌或安全护栏。

（4）停送电操作时，由一人操作，另一人监护，不得误碰其他带电设备。

3. 工具材料准备

开工前准备好需要的工具和材料如下。

（1）三相三线智能电表 1 只，专变终端 1 只。

（2）交流采样电压线。三相三线：KVVP $3\times1.5mm^2$，1m；三相四线：KVVP $4\times1.5mm^2$，1m。

（3）交流采样电流线。三相三线：KVVP $4\times2.5mm^2$，1m；三相四线：KVVP $6\times2.5mm^2$，1m。

（4）RS-485 屏蔽电缆：RVVP $2\times0.5mm^2$＋黑色，一白色，1m。

（5）控制电缆：RVV $2\times1.5mm^2$，户内连接跳闸机构、遥信等，5m。

（6）能正常使用的 SIM 卡 1 张。

（7）吸盘天线：TQC—900/1800CI，3m、5m。

（8）平口改刀、十字改刀、剥线钳、斜口钳、尖嘴钳各 1 只。

（9）其他安装材料，如金属螺栓、号头、冷压端头、扎带、电缆卡等。

4. 终端固定

在安装位置使用螺钉将终端固定（有必要的话采用电钻打孔）在安装位置上。国网Ⅲ型采集终端通常采用垂直安装方式，安装尺寸如图 2-3 所示。

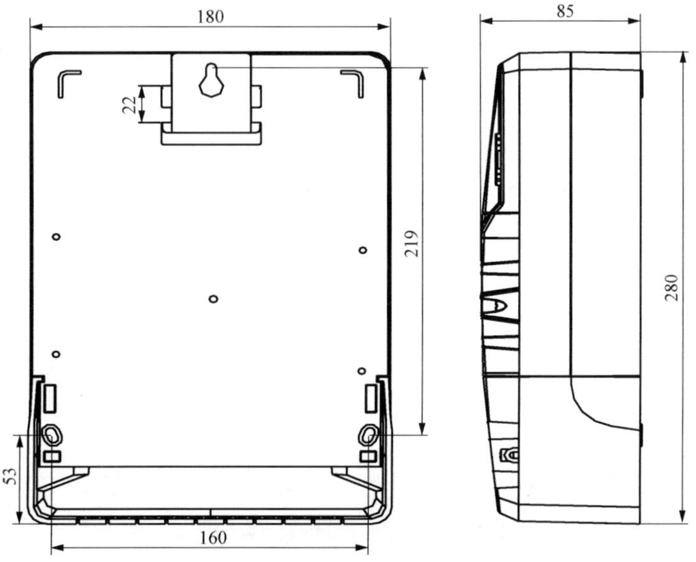

图 2-3　专变Ⅲ型采集终端侧视/后视尺寸示意图

终端上部有挂钩螺钉孔，可用M4挂钩螺钉固定。首先，在安装位置使用电钻打孔，固定好螺钉（见图2-4），将终端挂在螺钉上（见图2-5）。终端下部有两个安装孔，用普通螺钉将终端固定在安装位置（见图2-6）。

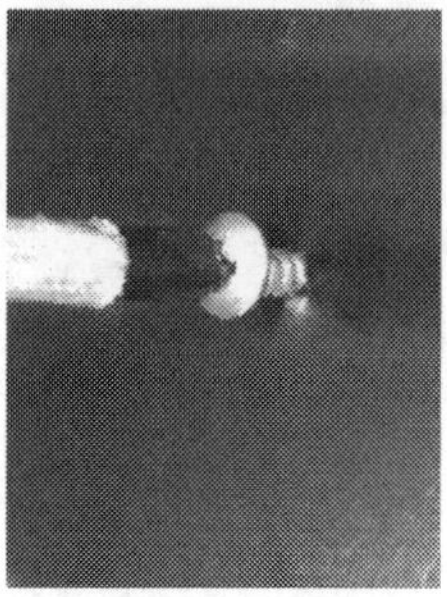

图2-4　固定螺钉

图2-5　挂稳终端

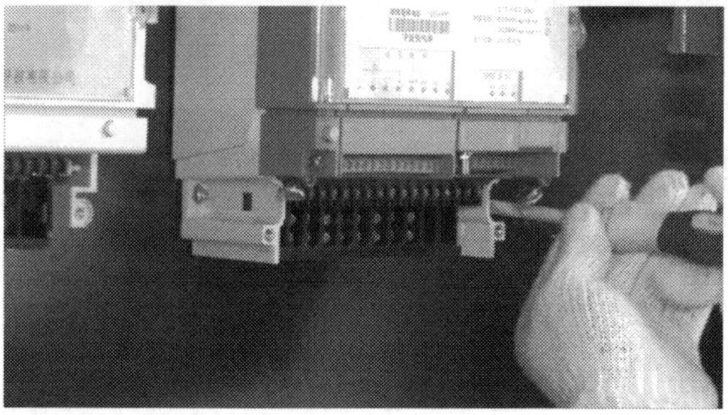

图2-6　终端下部有两个安装孔用普通螺钉固定

采集终端必须安装在箱内，并上锁。表箱如果装在电力井内，则只要固定即可；如果装在墙上，则最好安装高度在2m以上并固定。

5. 电源线接入

采集终端固定好以后，进行电源线的接入。采集终端必须接入电压线，若需要终端运行，交流采用功能还必须接入电流线。专变终端端子结构如图2-7所示。

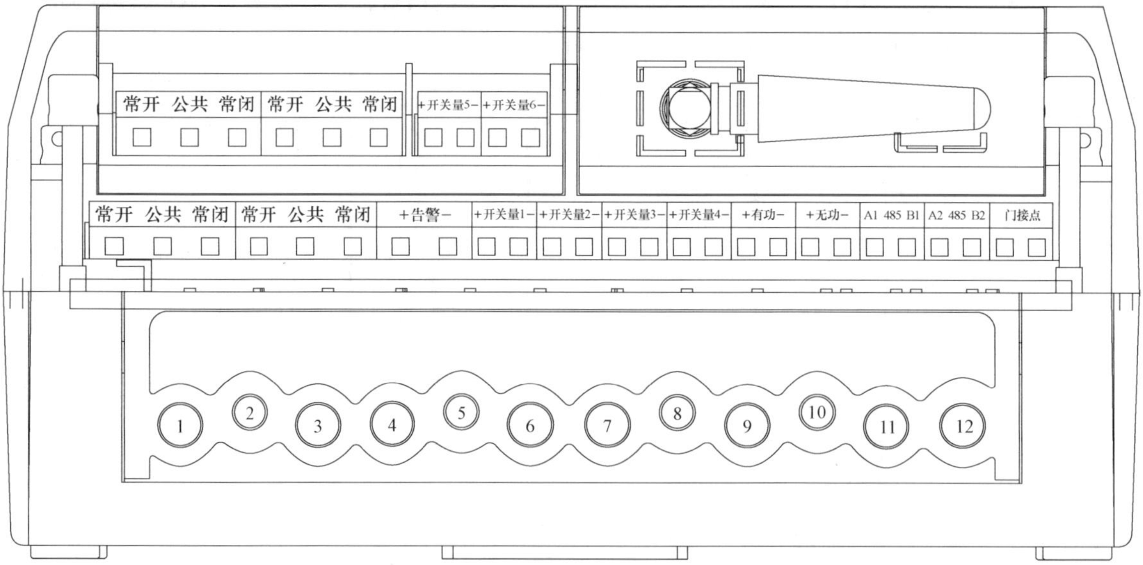

图2-7　专变终端端子结构图

（1）电压线的接入：阅读采集终端盖上的接线图，并根据终端电压等级正确选择相应电源接入电压线。

（2）电流线的接入：采用交流采用功能时，电流线必须经过电流互感器接入；若不需要交流采用功能，则电流线可以不接。

三相四线、三相三线终端电源端子电压、电流、信号、控制端子接线如图 2－8 所示。

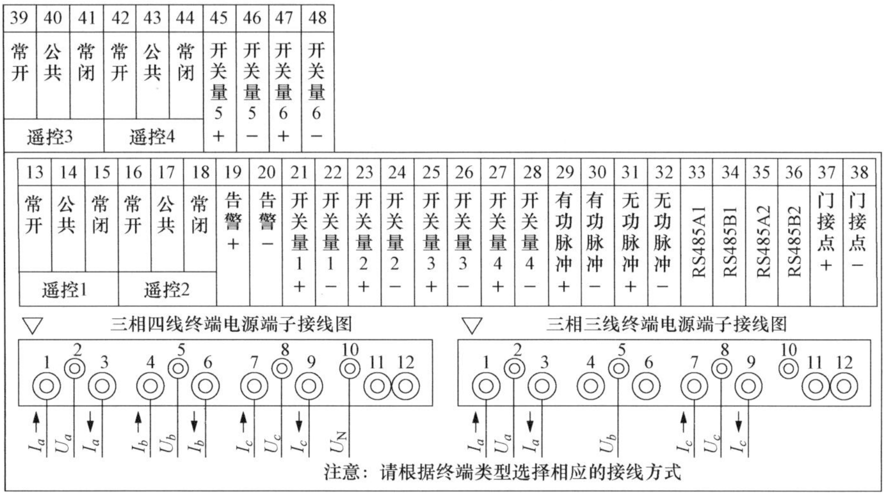

图 2－8　三相四线、三相三线终端电源端子接线图

选择 2.5mm^2 的单股铜芯线作为电压线，4mm^2 的单股铜芯线作为电流线。

6. 功能线接入

专变采集终端的功能线包括终端与电能表的通信线、控制开关联络线、门节点联络线等。终端与电能表的通信线应选用线径 2×（0.5～1.0）mm^2 的 485 屏蔽线（见图 2－9），如需要连接控制开关、遥信、门节点等，则必须按照终端接线图正确接线。

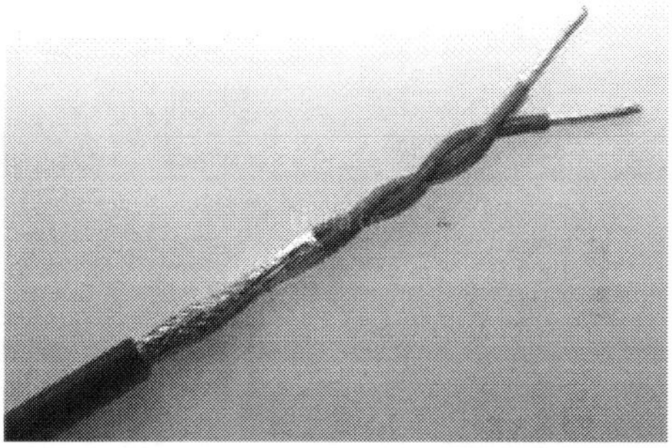

图 2－9　RS－485 屏蔽线

将其中蓝色线接入采集终端端子 33，将黑色线接入端子 34 中；红色线的另一端接入电能表对应的 485A 端子，黑色线另一端接入电能表对应的 485B 端子。485 接线必须保证采集终端的 485A 对应电能表的 485A，采集终端的 485B 对应电能表的 485B，对于两只及其两只电能表以上的采用手拉手接入方法。

根据开关跳闸回路控制方式，按照接线图选择相应的端子接入导线。

在电源线、功能线都接好以进行天线的安装。采集终端有一根 GPRS 天线，首先将天线的一端与采集终端的通信模块连接好（见图 2－10），然后将天线吸附于铁质或者其他物体上固定（见图 2－11），确保无线信号良好。

不能使用铁质物品缠绕固定天线，固定地点和墙面保持至少 20cm 的距离。

7. 终端上电测试

采集终端安装完毕后，必须检查接线是否正确等。检查接线无误后，在有人监护下给采集终端上电。采集终端上电后，如果运行灯亮、终端界面菜单显示正常，则说明终端工作正常。

图 2-10 将天线的一端与采集终端的通信模块连接

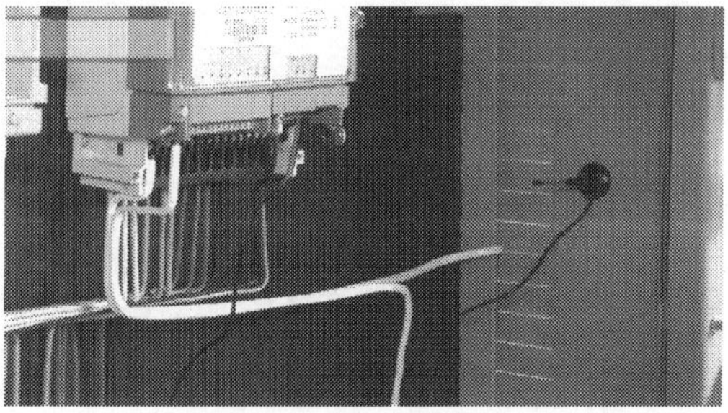

图 2-11 将天线吸附于铁质或者其他物体上固定

8. 通信模块的安装

正确插入 SIM 卡并检查，如图 2-12 所示。

9. 主站通信地址端口设置

操作终端界面菜单查看终端的通道 IP 地址和端口号与主站要求的 IP 地址和端口号是否一致，如果与主站要求的不同，则需要通过掌机或按键对终端通信参数重新设置（见图 2-13）。

图 2-12 将 SIM 卡插入卡槽

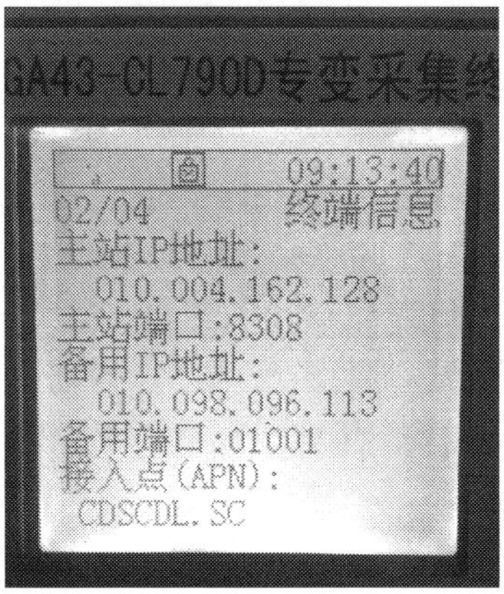

图 2-13 设置主站通信地址

（1）设置终端行政区码和终端地址。例如，根据某供电公司行政区码和终端地址分配规则，将终端行政区码设置为 5101，终端地址设置为 19368。

（2）设置主站通信 IP 地址、端口号设置完成后按“确认”按钮。例如，设置主站 IP 地址为 010.214.100.249，端口号为 8309[❶]。

（3）设置 APN（接入点）。例如，设置 APN 号码为 CDSCDL. SC[❷]。

（4）参数设置完成后按“确认”按钮。

❶ IP 是终端登录的服务器静态网络地址，由移动公司为其专线用户分配，一般一个主站对应一个主站 IP；端口号是指终端连接到主站上用的哪个端口来通信，主站可以设置多个端口；终端设置的通信 IP 地址和端口，要和主站开放的一致。

❷ APN 的英文全称是 Access Point Name：CDSCDL. SC，中文全称叫接入点。应用：通过手机上网时必须配置的一个参数，它决定了手机通过哪种接入方式来访问网络。

10. 电能表/交采配置设置

（1）设置测量点号。测量点号统一从2开始设置；若增加测量点，则依次类推。测量点1保留，供交流采样用。

（2）设置通信端口号。若终端为2009规约，则接第一组RS-485，通信端口号设2，若接第二组RS-485，则端口设3；终端为2005规约，只能接第二组抄表RS-485，通信端口号设1；针对预付费终端485只能接端口2。

（3）设置通信协议（电能表协议）。电能表为1997规约（多功能电表），通信协议设置为1；电能表为2007规约（智能电表），通信协议设置为30。

（4）选择波特率。电能表使用1997规约，波特率为1200；电能表使用2007规约，波特率为2400。

（5）输入表地址（通信地址）。正确输入对应电能表表号。

11. 安装终端端子盖，加封印

12. 收尾工作

收拾工具，清扫工作场地，撤离现场。

三、现场培训总结提炼

本模块重点介绍了终端安装的管理流程、安装接线、参数设置等。通过对本模块的学习，可使用电信息采集与监控岗位一线人员具备现场安装终端的技术能力。

通过现场实际操作训练，学员能够掌握专变采集终端现场安装注意事项，提高对现场安装工作中常出现问题的分析解决能力。

技能操作考核评分细则

<table>
<tr><td colspan="2">编号：</td><td colspan="2">姓名：</td><td colspan="2">岗位：</td><td>单位：</td></tr>
<tr><td colspan="2">成绩：</td><td colspan="2">考评员：</td><td colspan="2">考评组长：</td><td>日期：</td></tr>
<tr><td>技能操作模块名称</td><td>专变终端现场安装、调试</td><td>适用岗位</td><td colspan="2">电能（用能）信息采集与监控人员</td><td>考核时限</td><td>45min</td></tr>
<tr><td rowspan="4">需要说明的问题和要求</td><td colspan="6">（1）学员一人独立检查、操作，考评员监护</td></tr>
<tr><td colspan="6">（2）由考评人员预先指定用户终端1只、电能表1只。在指定电表上安装指定终端1只，要求工器具使用正确，接线正确规范</td></tr>
<tr><td colspan="6">（3）安装完成后，由考评员检查通电。在现场设置参数，包括联网（与主站连接）参数和抄读电能表参数，并安装SIM卡，使终端成功上线</td></tr>
<tr><td colspan="6">（4）各项目得分扣完为止</td></tr>
<tr><td rowspan="3">工具、材料、设备、场地</td><td colspan="6">（1）指定电表1只，专变终端1只</td></tr>
<tr><td colspan="6">（2）常用装接工具</td></tr>
<tr><td colspan="6">（3）RS-485通信线，控制电缆、1.5mm^2、2.5mm^2多股塑料绝缘铜芯软线（黄、绿、红三色），天线，能正常使用的SIM卡1张</td></tr>
</table>

续表

项目名称	质量要求	满分	扣分标准	扣分原因	扣分	得分
着装	正确佩戴安全帽，着棉质工作服，穿绝缘鞋，戴线手套	3	（1）未按规程要求着装一处扣1分； （2）着装不规范一处扣0.5分			
开工前的准备	开工前准备好需要的工具和材料	2	工器具准备不充分，中途取用工具、材料一件扣1分，扣完为止			
设备安装	（1）设备安装工序合理、操作熟练、作业安全，满足作业指导书的相关要求； （2）设备安装布局美观，接线正确、顺序合理； （3）安全工器具使用得当，严禁使用电动工具； （4）不得发生设备损坏或影响设备运行效果的作业行为	10	（1）设备布局不合理、不美观，扣2分； （2）未按要求对专变采集终端进行SIM卡安装扣3分； （3）未安装天线扣5分； （4）工作过程中造成设备损坏的扣10分； （5）强电与弱电端子间未采取绝缘隔离措施的扣5分			
连接导线	正确连接电源线和RS-485线	20	（1）接线错误造成无法正确计量（包括连接片错误）的，本次考核不合格，总分计0分； （2）未按照任务书要求完成所有接线的，本次考核不合格，总分计0分； （3）导线选用不当，每根扣2分，最多扣4分； （4）接线顺序未按照“先出后进、先零后相、从右到左”操作的，扣3分； （5）安装完成后每根残余导线超过10cm，每根扣1分，最多扣5分。使用剪断导线以缩短残余线等作弊手段的扣20分； （6）导线布线不合理扣2分；导线不横平竖直每处扣1分，布线有绞线，每处扣3分，最多扣10分； （7）导线转角弧度过大或过小，每处扣1分，最多扣5分			
安装SIM卡	正确插入SIM卡	5	SIM卡未正确插入或未插，本项不得分			

续表

项目名称	质量要求	满分	扣分标准	扣分原因	扣分	得分
安装质量	（1）设备固定正确、安装规范，牢固无松动； （2）二次回路连接正确可靠、接触良好。导线应连接牢固，螺栓拧紧；金属裸露部分全部插入接线端钮内，不得有外漏、压皮现象	20	（1）终端安装不牢固每个扣2分，少固定一个螺钉每处扣5分； （2）终端安装不规范，间距不合理每处扣2分。联合接线盒装反扣10分； （3）端子号码管未套、错套、不规范，每处扣0.5分，最多扣5分； （4）联合接线盒不接线的螺钉应拧紧，否则每处扣1分，最多扣3分； （5）接线用螺钉未拧紧每处扣5分，最多扣15分；若轻拉导线能从接线端拉出，每处扣10分，最多扣20分； （6）电能表、终端及接线盒导线及RS-485连线金属部分外露每处扣2分，最多扣10分； （7）螺钉漏压（与5项不重复扣分）或压在导线绝缘层上每处扣5分，最多扣15分； （8）电能表与终端的RS-485接线错误，扣8分。RS-485接线不牢固扣5分； （9）联合接线盒电流回路上下直通，每相扣2分； （10）导线损伤，每处扣1分，最多扣5分			
通电检查	完成终端安装后，获得监护教师许可后通电	5	（1）未办理许可开始通电，扣5分； （2）终端无法上电，本模块考核不合格，计0分			
终端参数设置	正确核对终端与主站连接的参数并录入抄读电能表参数	20	（1）录入错误或未录入一项，扣3分； （2）终端无法抄读电能表信息，扣5分			
重启终端	重启终端，使设置参数快速生效，使终端与主站通信	2	（1）终端未重起扣2分； （2）终端无法与主站通信，本项不得分			
填写终端客户档案	按照客户资料提供的信息及终端安装调试结果，正确、规范填写终端客户档案	10	（1）漏填、错填一项扣0.5分； （2）涂改、不规范一处扣0.5分； （3）未填写不得分； （4）客户未确认扣3分			
收尾工作	收拾工具，清扫工作场地	3	（1）清扫工作场地不彻底扣2分； （2）未收拾工具或未清扫工作场地不得分			
合计		100				

集中器、采集器的安装

培训目的

集中抄表终端是对低压用户用电信息进行采集的设备，包括集中器和采集器。集中抄表终端用于商业、居民用户单相智能电能表的用电（电能）信息采集，集中器、采集器安装工作是远程集中抄表系统建设中的关键环节，集中器、采集器的电源线和功能线必须连接正确，与智能电能表通信良好，要符合相关工艺标准，达到规范、整齐、美观的要求，以保证集中器、采集器安装质量，为商业、居民用电信息采集正常运行打下基础。

通过本模块的学习和训练，用电信息采集与监控专业技术人员能够掌握在现场开展集中器、采集器安装工作的流程和方法，掌握安装接线原理、工艺标准和现场安全注意事项，具备在现场完成集中器、采集器安装的技术能力。

专业知识准备

低压单相用电客户电能计量装置及电能信息采集装置由智能电能表、采集器、集中器、计量箱、断路器及接户线、进户线等组成。智能电能表可选用本地费控或远程费控电能表，应具备独立RS-485通信接口或载波通信接口。采集器通过RS-485通信方式采集电能表信息，集中器通过载波通信方式采集采集器信息。对于载波通信电能表，则不需要采集器，由集中器通过载波通信方式直接采集电能表。集中器向主站上传采集数据，其上行通信通道优先选用光纤网络方式，否则选用GPRS等无线通信方式，或MODEM等其他有线通信方式。

集中器是指收集各采集器或电能表的数据，并进行处理储存，同时能和主站或手持设备进行数据交换的设备。采集器是用于采集多个或单个电能表的电能信息，并可与集中器交换数据的设备。采集器依据功能可分为基本型采集器和简易型采集器。基本型采集器抄收和暂存电能表数据，并根据集中器的命令将储存的数据上传给集中器。简易型采集器直接转发集中器与电能表间的命令和数据。

集中器和采集器通常用于对非居民用户、居民用户用电信息采集，也可用于采集厂站关口电能量信息，可以对用电异常信息进行管理和监控。一个配变台区的居民用电信息采集组网方式主要有以下两种。

（1）集中器与具有通信模块的电能表直接交换数据。

（2）集中器、采集器和电能表组成二级数据传输网络，采集器采集多个电能表的电能信息，集中器与多个采集器交换数据。

实际应用中可采用上述两种方式混合组网。集中器可直接与主站连接，也可通过RS-485接口与公变终端连接，利用公变采集终端通信信道上传数据。集中器和采集器的选型，可在实际应用中根据具体情况而确定。

一、低压用电客户电能信息采集装置主要设备配置

1. 智能电能表

智能电能表应满足 GB/T 17215.321、GB/T 17215.322、GB/T 17215.323、DL/T 614、DL/T 645 等标准的要求，电能表量程的选择参照 DL/T 614 和 DL/T 448 执行，电能表准确度等级，应满足 DL/T 448 对电能计量装置的分类要求。

智能电能表应根据安装、使用环境，选用适用于不同工作温度范围、湿度要求及海拔高度的不同类型电能表，其型式、功能应满足国家电网公司的规定。为满足电能信息采集的要求，电能表应具备红外接口和符合 DL/T 645—2007 通信规约的 RS - 485 通信接口或载波通信接口。

2. 低压断路器

进线总路断路器。三相宜采用三相四极断路器，需满足负载电流和可能出现的最大短路电流选择相应的断路器，进线断路器应按照箱内实际表位和每户用电容量计算，选配参照住宅负载系数具体见表 3 - 1。

表 3 - 1　　住宅负荷同时系数表

按单相配电计算时所连接的户数（n）	按三相配电计算时所连接的户数（n）	负荷同时系数（K）
1	3	1.0
2	6	0.95
3	9	0.90
4	12	0.80
5	15	0.75
6	—	0.70
8	—	0.65
10	—	0.58
12	—	0.5

户表进线断路器宜选用单极断路器，户表出线断路器宜选用双极断路器。

3. 集中器

集中器的功能配置见表 3 - 2。

表 3 - 2　　集中器功能配置表

序号	项目		必备	选配
1	数据采集	电能表数据采集	√	
		状态量采集		√
		交流模拟量采集		√
		直流模拟量采集		√
2	数据管理和存储	实时和当前数据	√	
		历史日数据	√	
		历史月数据	√	
		重点用户采集	√	
		电能表运行状况监测		√
		公变电能计量		√

续表

序号	项目		必备	选配
3	参数设置和查询	时钟召测和对时	√	
		终端参数	√	
		抄表参数	√	
		其他（限值、预付费等）参数	√	
4	事件记录	重要事件记录	√	
		一般事件记录	√	
5	数据传输	与主站（或集中器）通信	√	
		中继（路由）	√	
		级联		√
		数据转发（通信转换）	√	
6	本地功能	运行状态指示	√	
		本地维护接口	√	
		本地扩展接口		√
7	终端维护	自检自恢复	√	
		终端初始化	√	
		软件远程下载	√	
		断点续传	√	

集中器的技术参数见表 3-3。

表 3-3 集中器技术参数表

序号	参数名称		单位	标准参数值
1	额定电压		V	220/380±20%
2	额定频率		Hz	50
3	耐热阻燃温度	底座、上盖、端盖	℃	650±10
		端子座	℃	960±15
4	接线柱压力特性	电压、电流接线端子	N	≥60
		辅助端子	N	≥10
5	液晶屏	窗口尺寸	mm	≥60×60
		分辨率	pixels	160×160
		工作温度	℃	−25～+70
6	环境条件	最高温度	℃	+55（遮蔽）/+70（户外）
		最低温度	℃	−25（遮蔽）/−40（户外）
		相对湿度	%	遮蔽 5～95，户外 10～100
		大气压力海拔 4000m 以下	kPa	63～108
7	消耗功率	非通信状态总功耗		有功功率≤10W（整机） 视在功率≤15VA（整机）
		电压线路功耗	VA	≤0.5（单相）
		电流线路功耗	VA	≤0.25（单相）

续表

序号	参数名称		单位	标准参数值
8	时钟电池			寿命（断电）≥5年
9	远程通信模块	制式		GPRS　有线网络　电力线载波　其他
		与主站通信协议		Q/GDW 376.1—2009
10	本地通信模块	制式		载波　　其他
		通信协议		Q/GDW 376.2—2009
11	通信接口	红外	个	1
		RS-485		2路（可扩展3路）
		RJ45	个	1
12	本地维护接口		个	1
13	时钟准确度	对时误差	s	≤5
		走时误差	s/d	<1
		显示误差	s/d	≤2
14	存储容量		MB	≥32
15	平均无故障工作时间（MTBF）		h	$\geq 7.6\times10^{4}$

4. 采集器

采集器功能配置见表3-4。

表3-4　　采集终端功能配置表

序号	项目		必备	选配
1	数据采集	电能表数据采集	√	
2	数据管理和存储	实时和当前数据		√
		历史日数据		√
		历史月数据		√
3	参数设置和查询	时钟召测和对时		√
		终端参数		√
		抄表参数		√
		其他（限值、预付费等）参数		√
4	事件记录	重要事件记录		√
		一般事件记录		√
5	数据传输	与主站（或集中器）通信	√	
		中继（路由）	√	
		数据转发（通信转换）	√	
6	本地功能	运行状态指示	√	
		本地维护接口		√
7	终端维护	自检自恢复	√	
		终端初始化	√	

采集器的技术参数见表 3-5。

表 3-5　采集终端技术参数表

序号	参数名称		单位	标准参数值
1	工作电源		V	220/380
2	额定频率		Hz	50
3	耐热阻燃温度	底座、上盖、端盖	℃	650±10
		端子座	℃	960±15
4	辅助端子接线柱压力特性		N	≥10
5	环境条件	最高温度	℃	+55（遮蔽）/+70（户外）
		最低温度	℃	−25（遮蔽）/−40（户外）
		相对湿度	%	遮蔽 5～95，户外 10～100
		大气压力海拔 4000m 以下	kPa	63～108
6	非通信状态总功耗			有功功率≤3W　视在功率≤5VA
7	通信接口	红外	个	1
		RS-485	个	≥2
8	远方通信模块	制式		载波（窄带/宽带）
		数据传输误码率		≤10^5（窄带/宽带载波）
		通信协议		Q/GDW 376.2—2009
9	时钟准确度	对时误差	s	≤5
		走时误差	s/d	<1
10	抄表数量		块	1～32
11	存储		KB	64
12	平均无故障工作时间（MTBF）		h	≥7.6×10^4

5. 低压计量箱

（1）电能计量箱最高观察窗中心线距安装处地面不高于 1.8m。

（2）单体电能计量箱下沿距安装处地面不低于 1.4m。

（3）墙面安装时，整体组合计量箱下沿距安装处地面不低于 0.8m。

（4）单表位计量箱应满足以下要求。

1）采用悬挂式或嵌入式安装方式，满足户外安装条件。

2）进线开关操作手柄不外露。

3）电能表后出线开关手柄外露，且有防护门。

4）观察窗透明并带有保护门，观察窗下方应有客户标记框。

（5）多表位计量箱应满足以下要求。

1）采用悬挂式、嵌入式或落地式安装方式。

2）应分别设置进线室、计量室、出线室，并能分别加锁或加封。各室可按横式、竖式、混合式排列。

3）计量室各观察窗下方和出线开关操作手柄最近处均应有客户标记框。

4）计量室内预留低压采集器的安装位置。

5）箱体内布线宜用线槽方式。

（6）相邻单相电能表，垂直中心距应不小于 250mm，水平中心距应不小于 150mm 或侧面水平距离应不小于 30mm；电能表外侧距箱壁不小于 60mm。

（7）电能计量箱应具有统一的警示和提示用语，应有统一的图案、颜色、字体等。

（8）同一地区范围内选择统一的防盗锁具和铅封。

（9）计量箱箱体材料选用应从环保和长寿命角度出发，以及适应不同的安装环境。非金属材料应选用可回收、再生材料；不锈钢板材料应采用非导磁不锈钢材料，外表面应有保护涂覆层；采用冷轧钢板制作的零件，优先采用热镀锌钢板。材料选用参见表 3 - 6。

表 3 - 6　　计量箱箱体材料选用参照表

计量箱种类	安装场所	环境条件（℃）	材料种类	材料厚度（mm）
单体非金属计量箱	户内	－20～60	阻燃 ABS	2.5～3.5
	户外	－40～80	PC	2.5～3.5
		－20～60	阻燃 ABS	2.5～3.5
整体组合非金属计量箱	户内	－20～60	阻燃 ABS	3.0～4.0
单体金属计量箱	户内	－20～60	冷轧钢板	1.5
	户外	＋40～80	不锈钢板	0.8～1.0
			铝合金板	2.0～2.5
整体组合金属计量箱	户内	－20～60	冷轧钢板	1.5～2.0
			铝合金板	2.0～2.5
	户外	－40～80	不锈钢板	1～2.0
			铝合金板	2.0～2.5

6. 接户线、进户线

（1）接户线、进户线可采用电缆、绝缘铜芯线、绝缘铝芯线，截面配置应充分满足所供负荷的用电要求。

（2）当采用电缆进线时，应将电缆及电缆头牢固固定在计量箱进线处。采用导线进线时，应采用穿管敷设，其穿线管插入箱内进线开关室内不小于 2cm 并可靠固定。

（3）箱式变压器低压出线宜采用电缆敷设方式。

1）从箱变分别敷设一根低压电缆到多层建筑每单元。

2）从箱变敷设一根主电缆到多层建筑的某单元，再在该单元设置电缆分接箱，由分接箱出电缆到其他单元。

3）对高层建筑采用一根或多根预分支电缆。

（4）杆台式变压器低压出线可采用低压电缆或架空绝缘导线敷设方式。

1）采用电缆敷设方式时与上述箱式变压器低压电缆敷设方式 1）相同。

2）如采用架空绝缘导线敷设方式，原则上采用一栋多层建筑敷设一组接户线（三相四线敷设方式）。

（5）接户线、进户线可选用铝芯绝缘线（BLV）、铜芯绝缘线（BV）、铜芯电缆（KVV），根据线材规格、负荷大小选配线缆，具体见表 3 - 7～表 3 - 9。

表 3-7　　铝芯绝缘线（BLV）配置表铜芯绝缘线（BV）配置表

BLV 导线截面（mm²）	所供户数	备 注
视用户确定截面	9 户及以下	根据所接低供电线路的相别选用规定颜色的导线，其中零线为黑色，PE 为黄绿相间色
50	10～14 户	
70	15～28 户	
120	29～42 户	
150	43～56 户	

表 3-8　　铜芯绝缘线（BV）配置表

BV 导线截面（mm²）	所供户数	备 注
视用户确定截面	9 户及以下	根据所接低供电线路的相别选用规定颜色的导线，其中零线为黑色，PE 为黄绿相间色
35	10～14 户	
50	15～28 户	
70	29～42 户	
120	43～56 户	

表 3-9　　铜芯电缆（KVV）配置表

KVV 导线截面（mm²）	所供户数	备 注
视用户确定截面	9 户及以下	根据所接低供电线路的相别选用规定颜色的导线，其中零线为黑色
50	10～14 户	
70	15～28 户	
120	29～42 户	
150	43～56 户	

二、集中器的外观和功能

1. 集中器的外观和尺寸

集中器的外观及尺寸如图 3-1 所示。

集中器开盖后的尺寸如图 3-2 所示。

2. 集中器的功能

（1）集中器采用三相四线制供电，在断一相或两相电压的条件下，集中器应能正常工作和通信。供电电压在 220×(1±20%)V 范围内时，集中器应能正常工作和通信。

（2）强电（电压）端子和弱电端子应分开排列，并应有有效的绝缘隔离。接线图应清楚地标示出各端子的定义及序号。

（3）铭牌标志应清晰，能防紫外线辐射，应至少标示下列信息：产品名称，型号，制、造厂名，出厂编号，生产日期。铭牌信息应能表明集中器上行信道、下行信道类型。

（4）面板铭牌应有 3 个指示灯，用于指示电源，上、下行通信状态和级联 RS-485 通信。上行通信指示灯指示集中器与主站之间的通信情况，下行通信指示灯指示集中器与采集器或载波电能表之间的通信情况。

（5）集中器与主站之间的上行通信采用公用通信网，兼容 GPRS/CDMA、PSTN、以太网等通信方式。上行通道部分应采用模块化设计，改变通信方式时只需更换通信模块。通信模块应安装在机壳内。若采用 GPRS/CDMA 无线通信方式，则天线也应安装在机壳内，且应有外引天线的位置。

（6）集中器可通过红外通信或 RS-232 接口实现近程数据输出。

（7）集中器应至少提供 2 个相互独立的 RS-485 接口：第 1 路 RS-485 接口与台变总表相连；第 2 路 RS-485 接口为级联 RS-485 接口。对于下行通信采用 RS-485 接口总线方式的集中器，应另外单独提供 RS-485 接口用于连接 RS-485 采集器，RS-485 通信接口技术要求与电能表中对 RS-485 接口的要求相同。

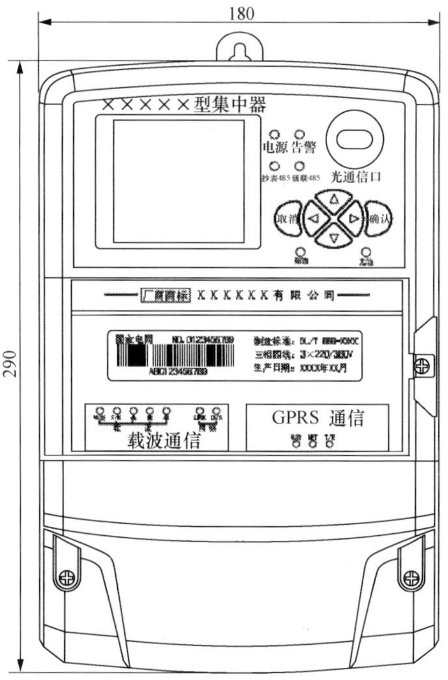

图 3-1　集中器外观尺寸示意图

（8）电源瞬时及长时间断电时，设备不应出现误读数，并应有数据保持措施，且至少保持 4 个月以上；电源恢复时，保存数据不应丢失，内部时钟正常运行。

（9）集中器应采用温度补偿时钟，在 23±2℃条件下，日计时误差≤±0.5s/d，并且能对管理的采集器、电能表进行广播校时。

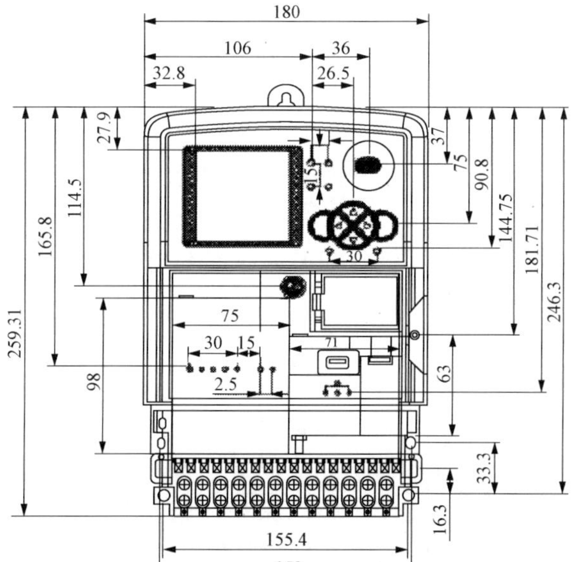

图 3-2　集中器开盖尺寸示意图

（10）每台集中器至少能管理1000只客户电能表，集中器可以存储其所管理的所有电能表近12个月的抄表日电量，以及最近两个月每天的日末电量。应有专用的存储空间对上述两种数据分别存储。数据存储容量不少于4MB。

（11）集中器在规定的抄读间隔时间内未抄读数据的电能表应有补抄功能。集中器在规定的抄读间隔时间内未抄到数据的电能表应能向主站发送报警信息；当采用电话拨号上行通道时，集中器在主站抄读电量数据时将报警信息向主站发送。

（12）可实时召测或根据设定的抄读间隔自动采集各电能表的实时电量、月末零点冻结电量、日零点冻结电量。其中，单费率电能表的冻结电量数据为正向有功总电量；对于复发率分时表，其抄表日电量应包含总、尖、峰、平、谷等分时电量，电量数据保存时应带有时标。

（13）集中器支持主站命令对电能表实行远程控制功能。

（14）可远程及通过近程红外口进行集中器编号、集中器与主站通信有关的参数（通信信道类型、主站通信地址等）、抄表方案（抄表时间、抄表间隔、自动抄表日、抄读数据项等）、总表倍率、电能表编号等参数的设置。

（15）当用电现场安装有多个集中器或同时安装有配变监测计量终端时，可以通过级联功能实现远程通信通道的共享。集中器之间或与配变终端之间通过RS-485总线级联。其中，只有一台集中器或配变终端被设为负责与主站进行通信，称为主终端，其余的集中器或配变终端称为从终端。从终端通过级联RS-485总线利用主终端的远程通信通道与主站进行通信。一台主设备至少级联4台从设备。

集中器级联除实现远程通信通道共享外，安装在同一配变台区的集中器和配变终端之间还能够利用级联RS-485接口实现集中器对配变终端内的电能量数据采集，用于集中器进行配变台区线损分析。

（16）自动进行自检，发现设备（包括通信）异常应有记录和报警功能，防止非授权人员设置参数。

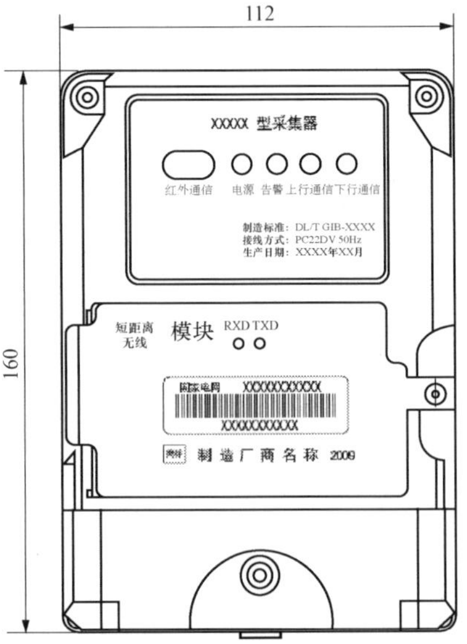

图3-3　采集器外观尺寸示意图

三、采集器的外观和功能

1. 采集器的外观

采集器的外观及尺寸如图3-3所示。

采集器开盖后的尺寸如图3-4所示。

2. 采集器的功能

（1）采集器与电能表之间的通信采用RS-485接口进行。

（2）铭牌标志应清晰，能防紫外线辐射，应标示产品名称、型号、制造厂、出厂编号、生产日期等信息。铭牌上应能表明上行信道类型。

（3）在上盖和端子盖上应有可靠的双铅封位置，出厂时厂家只加封其中一个，应选用具有防撬、防伪功能和明显厂家标志的铅封。

（4）强电端子和弱电端子应分开排列，并应有有效的绝缘隔离。接线图应清楚地标示各端子的定义及序号。

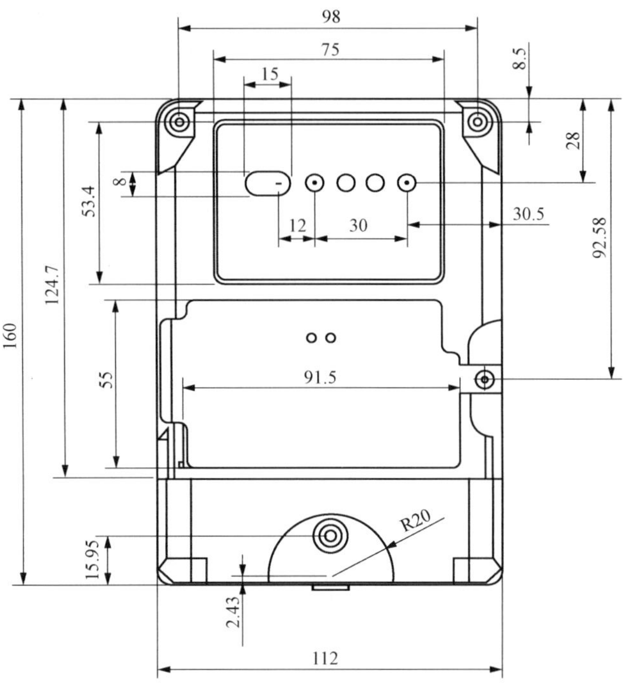

图3-4　采集器开盖后尺寸示意图

(5) 供电电压在220×(1±20%)V范围内能正常工作。

(6) 每一个采集器应至少能下连16只RS-485电能表，并将电能表数据保存在内部非易失性存储器中。

(7) 面板铭牌应有3个指示灯，用于指示电源，上、下行通信状态。上行通信指示灯指示采集器与集中器之间的通信情况；下行通信指示灯指示采集器与电能表之间的通信情况。

(8) 采集器应能通过上行信道接收集中器下发的电能表数据抄读和控制指令，并通过规约转换实时转发给下联的RS-485电能表，然后将电能表的应答数据信息会送给集中器。采集器应支持集中器对RS-485电能表所有数据抄读、广播校时、拉合闸控制等指令的转发。

(9) 集中器在安装后，在确保连接正确的前提下，不需要做任何设置操作，就能正常工作。当现场拆除或更换电能表时，也不需要对采集器做任何设置操作，就能正常工作。

(10) 采集器应具有硬件时钟，在23±2℃条件下，日计时误差≤±1s/d。

(11) 采集器应至少提供1个RS-485接口（用于抄读RS-485电能表），若上行通信采用RS-485总线方式，应另外提供RS-485接口。RS-485通信接口技术要求与电能表中对RS-485接口的要求相同。

四、电能计量点、采集点安装位置确定

“一户一表”的每个电力用电客户应设置计量点，并装设电能信息采集装置。计量点的设置应尽量接近客户负荷中心，保证电气安全、计量准确可靠和封闭性。计量点应远离潮湿、尘土及震动大的位置，应方便客户使用，以及供电部门日常抄表、换表、维护等工作。

对于分散、零星单户住宅，计量点宜设置在客户门外和院庭门外左、右两侧。相对集中的住宅用电，其电能表安装宜采用集中安装，计量点宜设置在负荷相对集中的位置，以及其他合适的位置。对多层和高层住宅视不同情况而定，计量点可采用单元集中、同楼层集中或分楼层集中（若干楼层一个计量点）方式设置，宜集中设置在负一层至一层半之间的墙面上、配电间（井）、表计间或其他合适的位置。具体按以下原则办理。

（1）7 层及以下楼房每单元户数在 2 户及以下时，宜采用每单元集中方式设置计量点。

（2）7 层及以下楼房每单元户数在 3 户及以上时，宜采用每单元同楼层集中或分楼层集中方式设置计量点。

（3）7 层以上楼房宜采用每单元分楼层集中方式设置计量点，每个计量点不宜超过 16 只表。

电能信息采集器安装在户表电表箱内。集中器需通过 RS-485 通信采集公变总路电能表或其他电能表的，集中器应与被采集电能表安装在同一计量箱内，或就近安装独立箱体的集中器，以便连接 RS-485 通信线。

集中器与采集器、电能表只有载波通信方式的，集中器与本台区内的电源线的任意一点连接即可实现载波通信，集中器应根据现场实际情况安装在户表表箱附近或其他便于运行维护的地点。对于 GPRS 信号较弱的地下室，若采用 15m 天线仍然无法获得稳定的场强信号（≥20db），则通过 RS-485 通信线将采集终端或集中器移至室外或方便维护的地点。

五、集中器、采集器安装接线原则

（1）满足相关的保护接地要求。在低压电缆分接箱和金属计量箱体要采用 TN-C-S 接地导线，PEN 线后 N 线和 PE 线应分开连接，且中性线的绝缘水平应与相线相同，其接地电阻≤10Ω。

（2）采集器、集中器端子座接线端钮的孔径应能容纳至少 18mm 长去掉绝缘的导线，电压回路应能确保牢固固定最小 2.5mm^2 的导线，电流回路应能确保牢固固定最小 4mm^2 的导线。

（3）电压、电流端子螺栓应使用防锈且导电性能好的一字、十字通用型螺栓，接线螺杆直径在终端工作电流小于 40A 时应不小于 M4，工作电流大于 40A 时应不小于 M6，并有足够的机械强度。

（4）所有设备连接线两端均应按规定使用号牌或号箍。

（5）电表连线分别用 A—黄色、B—绿色、C—红色，零线用黑色，PE 线为黄绿相间色，各分相色。

（6）电能表进、出线应根据容量进行选择。城市电能表进、出线采用铜芯塑料线不低于 BV—10mm。农村电能表进、出线采用铜芯线不低于 BV—4mm，采用绝缘铝芯线，电能表进、出线不低于 BLV—6mm。

六、低压用电客户电能信息采集装置的调试

低压用电客户电能信息采集装置的调试工作也应该按照主站系统、通信信道、采集设备三部分同时进行，分别调试，全部安装调试完毕后进行系统整体综合测试。

现场技能操作实训指导

一、工作任务描述

1. 任务名称

集中器、采集器的安装。

2. 适用对象

电能（用能）信息采集与监控专业技术人员。

3. 具体任务

某低压单元楼电表箱，单相智能电表4只（2只载波、2只非载波）已随配电装置安装到位并带电运行，要求完成与1只采集器与1只集中器终端安装及其二次导线连接。

4. 工作规范及要求

（1）按照DL/T 825—2002《电能计量接线规则》要求在规定的时间内完成一套集中器和采集器终端的安装。

（2）连接电压、电流导线，确保连接牢固，接线正确无误。合理使用导线，横平竖直，排列整齐，达到工艺标准。

（3）正确选择载波和RS-485通道，正确连接RS-485信号线。

（4）设置终端初始信息，确保终端上线运行。

（5）现场正确处理装（换）表工作票。

（6）所有设备应封印完整。

（7）安装完成后，由考评员检查、通电。

（8）客户相关信息。

户号：______________________

户名：______________________

用电地址：__________________

终端地址：__________________

表地址：____________________

5. 时间要求

本模块操作时间为45min，时间结束立即终止任务。

二、现场实操作业步骤

1. 着装

正确佩戴安全帽，着棉质工作服并扣好衣扣和袖口，穿绝缘鞋并系好鞋带，戴棉质线手套。正确佩戴工作牌和工具包。

2. 采集终端安装现场安全措施布置

（1）查勘并办理工作票，明确工作任务。

（2）现场确认安装位置及停电范围。

（3）使用合格的安全工器具，做好停电、验电、挂接地线等安全措施，在工作位置设立标示牌或安全护栏。

（4）停送电操作时，由一人操作，一人监护，不得误碰其他带电设备。

3. 工具材料准备

开工前准备好需要的工具和材料如下。

（1）单相智能电表4只（2只载波、2只非载波）。

（2）采集终端1只，集中器1只。

（3）$4mm^2$单芯绝缘导线黄、绿、红若干；$2.5mm^2$单芯绝缘导线黄、绿、红、黑若干。

（4）$0.75mm^2$或$1mm^2$双绞屏蔽线若干。

（5）二次导线端子号码管若干（回路编号已打印）。

（6）能正常使用的SIM卡1张。

（7）吸盘天线：TQC－900/1800CI，3m、5m。

（8）平口螺丝刀、十字螺丝刀、剥线钳、斜口钳、尖嘴钳各1只。

（9）其他安装材料，如金属螺栓、号头、冷压端头、扎带、电缆卡等。

4. 集中器和采集器的固定

在安装位置使用螺钉将集中器和采集器固定（有必要的话采用电钻打孔）在安装位置上。集中器侧视、后视尺寸如图3－5所示，采集器侧视、后视尺寸如图3－6所示。

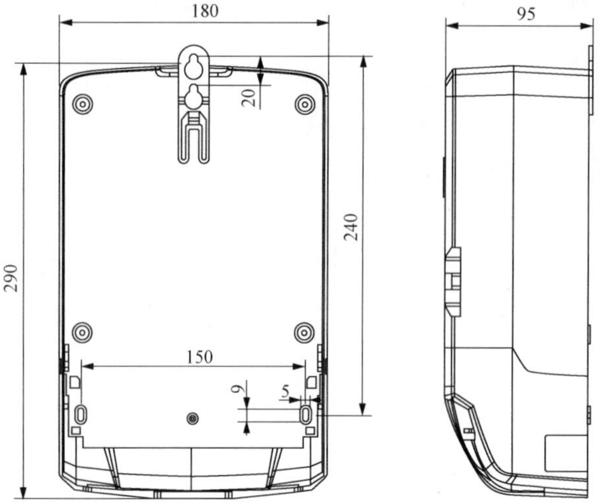

图3－5 集中器侧视/后视尺寸图

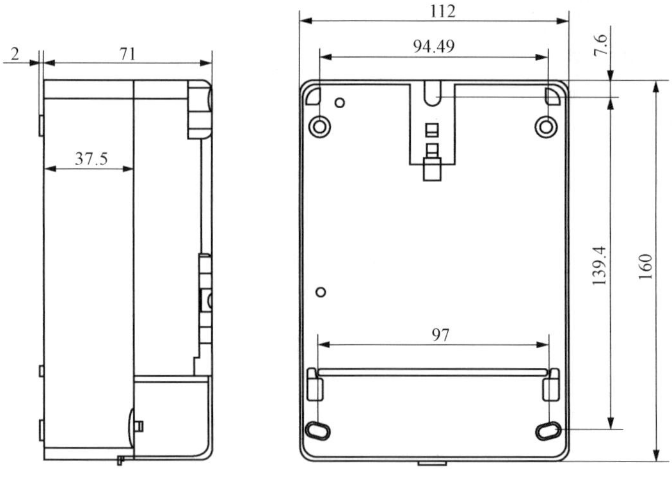

图3－6 采集器侧视/后视尺寸图

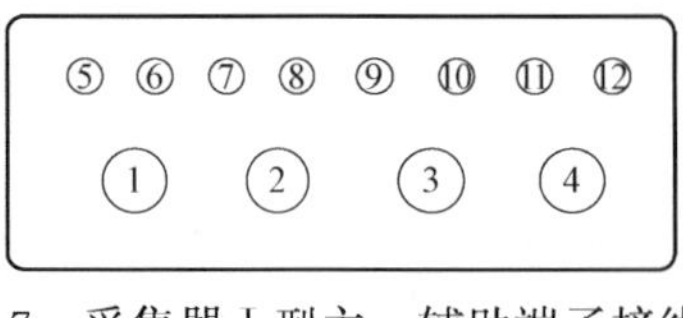

图3－7 采集器Ⅰ型主、辅助端子接线如图

采集器Ⅰ型主、辅助端子接线如图3－7所示。

采集器的接线端子功能标识见表3－10。抄表485最多可以接32只电表。

表 3 - 10　**采集器接线芯端子功能标识**

1	A 相线端子（单相供电时可作为火线端子）	7	预留
2	B 相线端子	8	预留
3	C 相线端子	9	抄表 485A
4	N 相线端子	10	抄表 485B
5	预留	11	抄表 485A
6	预留	12	抄表 485B

集中器、采集器上部有挂钩螺钉孔，可用 M4 挂钩螺钉固定。首先，在安装位置使用电钻打孔，固定好螺钉，将集中器、采集器挂在螺钉上。集中器、采集器下部有两个安装孔，用普通螺钉将终端固定在安装位置。

采集终端必须安装在箱内，并上锁。表箱如果在电力井内，则只要固定即可；如果装在墙上，则最好安装高度在 2m 以上并固定。

5. 电源线接入

集中器和采集器固定好以后，进行电源线的接入。阅读集中器和采集器端盖上的接线图，并根据终端电压等级正确选择相应电源接入电压线，集中器接线芯尺寸如图 3 - 8 所示。不带交流模拟量输入功能的集中器按照先零线后相线顺序依次接入 U_N、U_A、U_B、U_C 电压线，主接线端子图如图 3 - 9 所示。带本地交流模拟量输入功能的集中器还需接入电流线，电流线必须经过电流互感器接入，接线端子图如图 3 - 10 所示。选择 2.5mm² 的单股铜芯线作为电压线，4mm² 的单股铜芯线作为电流线。

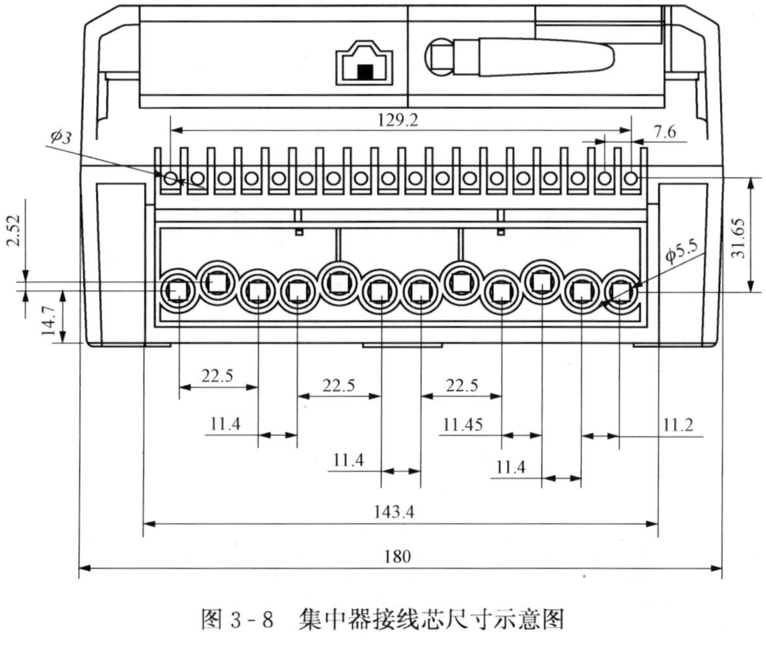

图 3 - 8　集中器接线芯尺寸示意图

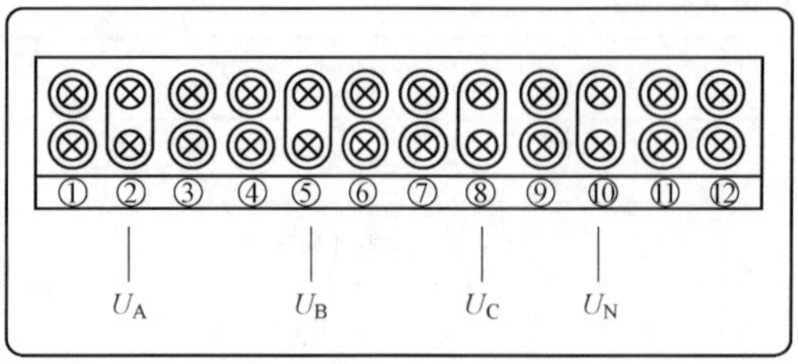

图 3-9　不带交采集中器主接线端子示意图

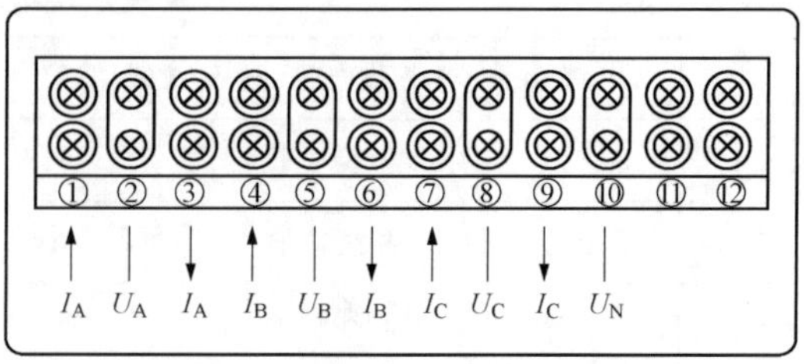

图 3-10　带交采集中器主接线端子示意图

6. 功能线接入

集中器和采集器终端的功能线包括终端与电能表的通信线、门节点联络线等。终端与电能表的通信线应选用线径 $2\times(0.5\sim1.0)mm^2$ 的 485 屏蔽线，如需要连接遥信、门节点等，必须按照终端接线图正确接线。

不带交流模拟量输入功能的集中器辅助接线端子示意图如图 3-11 所示。

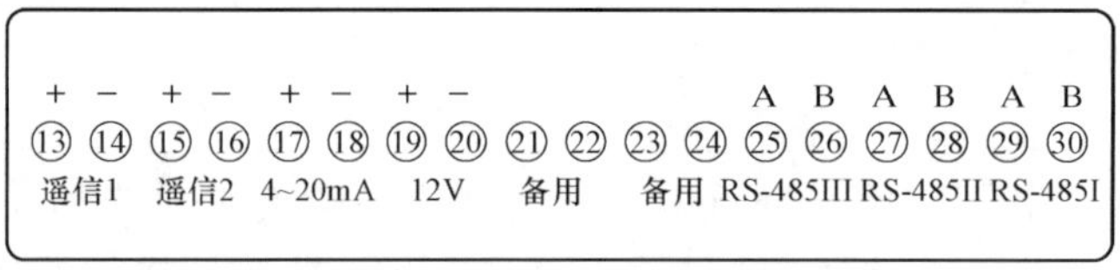

图 3-11　不带交采集中器辅助接线端子示意图

不带交流采样的集中器接线端子编号及其功能见表 3-11。

表 3-11　　不带交采集中器接线端子定义表

1	A 相电流端子（预留）	11	电流零线端子（预留）	21	备用端子
2	A 相电压端子	12	电流零线端子（预留）	22	备用端子
3	A 相电流端子（预留）	13	遥信端子 1+	23	备用端子
4	B 相电流端子（预留）	14	遥信端子 1−	24	备用端子
5	B 相电压端子	15	遥信端子 2+	25	RS-485Ⅲ$_A$
6	B 相电流端子（预留）	16	遥信端子 2−	26	RS-485Ⅲ$_B$
7	C 相电流端子（预留）	17	4～20mA+	27	RS-485Ⅱ$_A$
8	C 相电压端子	18	4～20mA+	28	RS-485Ⅱ$_B$
9	C 相电流端子（预留）	19	12V+	29	RS-485Ⅰ$_A$
10	电压零线端子（预留）	20	12V−	30	RS-485Ⅰ$_B$

带交采的集中器辅助接线端子示意图如图 3-12 所示。

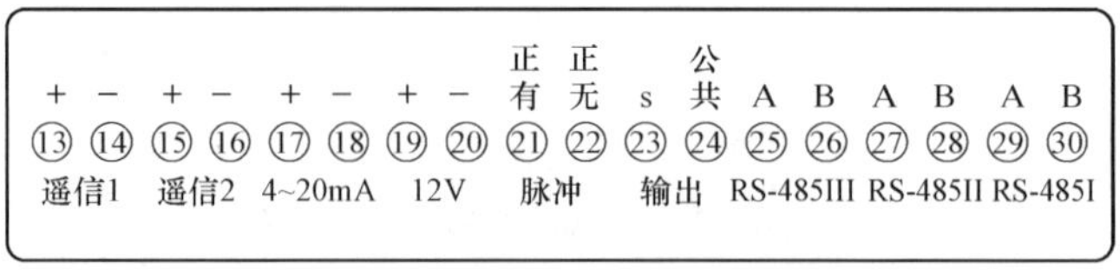

图 3-12　带交采集中器辅助接线端子示意图

带交流采样的集中器接线端子编号及功能见表 3-12。

表 3-12 带交采集中器接线端子定义表

1	A 相电流端子	11	电流零线端子	21	脉冲输出 正有
2	A 相电压端子	12	电流零线端子	22	脉冲输出 正无
3	A 相电流端子	13	遥信端子 1+	23	脉冲输出 秒脉冲
4	B 相电流端子	14	遥信端子 1−	24	脉冲输出 公共地
5	B 相电压端子	15	遥信端子 2+	25	RS-485Ⅲ$_A$
6	B 相电流端子	16	遥信端子 2−	26	RS-485Ⅲ$_B$
7	C 相电流端子	17	4～20mA+	27	RS-485Ⅱ$_A$
8	C 相电压端子	18	4～20mA+	28	RS-485Ⅱ$_B$
9	C 相电流端子	19	12V+	29	RS-485Ⅰ$_A$
10	电压零线端子	20	12V−	30	RS-485Ⅰ$_B$

在电源线、功能线都接好以后进行天线的安装。集中器有一根 GPRS 天线，首先将天线的一端与采集终端的通信模块连接好，然后将天线吸附于铁质或者其他物体上固定，确保无线信号良好。不能使用铁质物品缠绕固定天线，固定地点和墙面保持至少 20cm 的距离。

7. 终端上电测试

集中器、采集器安装完毕后，必须检查接线是否正确等。检查接线无误后，在有人监护下给集中器、采集器上电。终端上电后，运行灯亮、终端界面菜单显示正常，则说明终端工作正常。

8. 通信模块的安装

正确插入 SIM 卡并检查。

9. 主站通信地址端口设置

操作终端界面菜单查看终端的通道 IP 地址和端口号与主站要求的 IP 地址和端口号是否一致，如果与主站要求的不同，则需要通过掌机或按键对终端通信参数重新设置。

（1）设置终端行政区码和终端地址。例如，根据某供电公司行政区码和终端地址分配规则，将终端行政区码设置为 5101，终端地址设置为 19368。

（2）设置主站通信 IP 地址、端口号设置完成后按确认。例如，设置主站 IP 地址为 010.214.100.249，端口号为 8306。

（3）设置 APN（接入点）。例如，设置 APN 号码为 CDSCDL.SC。

（4）参数设置完成后按确认。

10. 电能表/交采配置设置

（1）设置测量点号。测量点号统一从 2 开始设置；若增加测量点，则依次类推。测量点 1 保留，供交流采样用。

（2）设置通信端口号。若终端为 2009 规约，则接第一组 RS-485，通信端口号设 2，若接第二组 RS-485，则端口设 3；终端为 2005 规约，只能接第二组抄表 RS-485，通信端口号设 1；针对预付费终端 485 只能接端口 2。

(3) 设置通信协议（电能表协议）。电能表为 2007 规约（智能电表），通信协议设置为 30。

(4) 选择波特率。电能表使用 1997 规约，波特率为 1200；使用 2007 规约，波特率为 2400。

(5) 输入表地址（通信地址）。正确输入对应电能表表号。

11. 安装终端端子盖，加封印

12. 收尾工作

收拾工具，清扫工作场地，撤离现场。

三、现场培训总结提炼

本模块重点介绍了采集器、集中器安装的安装接线、参数设置等。通过对本模块的学习，可使用电信息采集与监控岗位一线人员具备现场安装采集器、集中器的技术能力。

通过现场实际操作训练，学员能够掌握采集器、集中器现场安装注意事项，提高对现场安装工作中常出现问题的分析解决能力。

技能操作考核评分细则

<table>
<tr><td colspan="7">编号：　　姓名：　　岗位：　　单位：</td></tr>
<tr><td colspan="7">成绩：　　考评员：　　考评组长：　　日期：</td></tr>
<tr><td>技能操作模块名称</td><td>集中器、采集器的安装</td><td>适用岗位</td><td>电能（用能）信息采集与监控人员</td><td>考核时限</td><td colspan="2">45min</td></tr>
<tr><td rowspan="4">需要说明的问题和要求</td><td colspan="6">(1) 学员一人独立检查、操作，考评员监护</td></tr>
<tr><td colspan="6">(2) 某低压单元楼电表箱，单相智能电表 4 只（2 只载波、2 只非载波）已随配电装置安装到位并带电运行，要求完成与 1 只采集器和 1 只集中器终端安装及其二次导线连接</td></tr>
<tr><td colspan="6">(3) 安装完成后，由考评员检查通电。在现场设置参数，包括联网（与主站连接）参数和抄读电能表参数，并安装 SIM 卡，使终端成功上线</td></tr>
<tr><td colspan="6">(4) 各项目得分扣完为止</td></tr>
<tr><td rowspan="3">工具、材料、设备、场地</td><td colspan="6">(1) 某低压单元楼电表箱，单相智能电表 4 只（2 只载波、2 只非载波）已随配电装置安装到位并带电运行</td></tr>
<tr><td colspan="6">(2) 采集终端 1 只，集中器 1 只</td></tr>
<tr><td colspan="6">(3) 4mm² 单芯绝缘导线黄、绿、红若干；2.5mm² 单芯绝缘导线黄、绿、红、黑若干；0.75mm² 或 1mm² 双绞屏蔽线若干；二次导线端子号码管若干（回路编号已打印）；各型号螺钉若干</td></tr>
<tr><td>项目名称</td><td>质量要求</td><td>满分</td><td>扣分标准</td><td>扣分原因</td><td>扣分</td><td>得分</td></tr>
<tr><td>着装</td><td>戴棉线手套、安全帽，穿工作服、绝缘鞋</td><td>5</td><td>(1) 着装每一项不符合要求扣 5 分；
(2) 手套使用不规范扣 3 分</td><td></td><td></td><td></td></tr>
<tr><td>电表箱验电和启封</td><td>按三步验电法要求对电表箱壳体验电，步骤合理</td><td>5</td><td>(1) 电表箱壳体未验电扣 5 分；
(2) 验电不规范扣 2 分；
(3) 启封不规范扣 2 分</td><td></td><td></td><td></td></tr>
</table>

续表

项目名称	质量要求	满分	扣分标准	扣分原因	扣分	得分
计量装置外观检查	对计量装置外观进行检查，确认计量装置运行正常	5	（1）未核对智能电能表规格型号扣2分； （2）未使用智能电能表读取电压、电流信息，扣3分			
布置安全措施	停电、验电、装设接地线、悬挂标识牌	5	（1）停电顺序错误扣5分； （2）验电不规范扣5分； （3）装设接地线不规范，扣5分； （4）标识牌悬挂不规范，口3分			
设备安装	（1）设备安装工序合理、操作熟练、作业安全，满足作业指导书的相关要求； （2）设备安装布局美观，接线正确、顺序合理； （3）安全工器具使用得当，严禁使用电动工具； （4）不得发生设备损坏或影响设备运行效果的作业行为	15	（1）设备布局不合理、不美观，扣2分； （2）未按要求对专变采集终端进行SIM卡安装扣3分； （3）未安装天线扣5分； （4）工作过程中造成设备损坏的扣10分； （5）强电与弱电端子间未采取绝缘隔离措施的扣5分			
连接导线	（1）正确连接电源线； （2）正确选择载波和RS-485通道； （3）正确连接RS-485线	25	（1）接线错误造成无法正确计量的，本次考核不合格，总分计0分； （2）未按照任务书要求完成所有接线的，本次考核不合格，总分计0分； （3）载波通道选择错误，一个扣10分； （4）RS-485通道选择错误，一个扣10分； （5）导线选用不当，每根扣2分，最多扣4分； （6）接线顺序未按照“先出后进、先零后相、从右到左”操作的，扣3分； （7）安装完成后每根残余导线超过10cm，每根扣1分，最多扣5分；使用剪断导线以缩短残余线等作弊手段的扣20分； （8）导线布线不合理扣2分；导线不横平竖直每处扣1分，布线有绞线，每处扣3分，最多扣10分； （9）导线转角弧度过大或过小，每处扣1分，最多扣5分			

续表

项目名称	质量要求	满分	扣分标准	扣分原因	扣分	得分
安装质量	（1）设备固定正确、安装规范，牢固无松动 （2）二次回路连接正确可靠、接触良好。导线应连接牢固，螺栓拧紧；金属裸露部分全部插入接线端钮内，不得有外漏、压皮现象	20分	（1）终端安装不牢固每个扣2分，少固定一个螺钉每处扣5分； （2）终端安装不规范，间距不合理每处扣2分。联合接线盒装反扣10分； （3）端子号码管未套、错套、不规范，每处扣0.5分，最多扣5分； （4）接线用螺钉未拧紧每处扣5分，最多扣15分；若轻拉导线能从接线端拉出，每处扣10分，最多扣20分； （5）电能表、终端连接导线及RS-485连线金属部分外露每处扣2分，最多扣10分； （6）螺钉漏压（与5项不重复扣分）或压在导线绝缘层上每处扣5分，最多扣15分； （7）电能表与终端的RS-485接线错误，扣8分；RS-485接线不牢固扣5分； （8）导线损伤，每处扣1分，最多扣5分			
拆除安全措施	拆除接地线、摘除悬挂标识牌、送电	5	（1）拆除安全措施顺序错误，扣3分； （2）接地线拆除不规范，扣3分； （3）送电顺序错误，扣5分			
送电前检查及施封	（1）送电前须进行必要的安装及设备状态检查，并报告裁判设备状态； （2）安装工作完成后，计量回路施封完整，作业现场干净整洁	10	（1）未履行送电前检查程序的，扣5分； （2）回路未施封，少一处扣1分，最多扣5分			
文明施工	（1）按标准化作业，正确使用工器具； （2）工作完后做到“工完、料尽、场地清”	5	（1）借用工器具、工器具使用不当、元器件跌落、工器具摆放不合理一次扣1分，最多扣2分； （2）未清理场地、未整理工器具扣2分；清理不干净扣1分； （3）工作中掉工具或材料一次扣2分； （4）手、脚、头被碰撞每次扣1分； （5）不清理场地扣2分； （6）工具未摆放整齐扣3分			
合计		100				

终端档案的建立

培训目的

用电信息采集终端档案是采集调试、采集监控及系统应用的基础，档案建立的准确性关系到后续采集系统的所有应用功能的实现，是用电信息采集系统的正常运行的基础。

通过本模块的学习和训练，用电信息采集与监控专业技术人员能够熟练掌握用电信息采集终端档案的建立流程和方法，具备独立完成用电信息采集终端建档的能力。

专业知识准备

一、采集对象的分类

根据电力客户的供电方式、供电容量、安装用途以及执行电价等的不同，国家电网公司企业标准 Q/GDW 378.3—2009《电力用户用电信息采集系统设计导则　第三部分：技术方案设计导则》将用电信息采集系统的采集对象分为大型专变用户、中小型专变用户、三相一般工商业用户、单相一般工商业用户、居民用户和关口计量点六类。在此基础上，标准还规范了各类用户采集数据项的要求，以及对远程、本地通信信道提出了指导性的设计要求。用电信息采集系统的采集对象划分包括了 5 类电力用户和 1 个公变考核计量点。

A 类：大型专用变压器用户。用电容量在 100kVA 及以上的专变用户。

B 类：中小型专用变压器用户。用电容量在 100kVA 以下的专变用户。

C 类：三相一般工商业用户。包括低压 380V 商业、小动力、办公等用电性质的非居民三相用电。

D 类：单相一般工商业用户。包括低压 220V 商业、小动力、办公等用电性质的非居民单相用电。

E 类：居民用户。用电性质为居民的用户。

F 类：公变考核计量点。公用配变上的用于内部的计量点。

在用电信息采集系统的六类采集对象中，高压供电的专变用户包括 Al、A2、B1、B2 类。这 4 类用户，除了需要进行用电信息采集，还需要对其进行用电管理和负荷控制，通过专变采集终端实现用户用电信息采集和控制管理。此外，对于低压供电的一般工商业户和居民用户，包括 C、D、E 类。此类用户通常共用配电变压器，用电情况简单，数量较多，可用低压集中抄表和功能抄表终端实现集中抄表。其中 E1 类用户用电容量较大，可以采用大用户的管理方式安装专变采集终端进行管理。F5 类作为低压关口表计，可以通过 RS-485 接口直接接入低压集抄集中器完成数据采集功能。各类用户的采集对象分类及接线方式参见表 4-1、表 4-2。

表 4-1 采集对象的分类

采集对象	分类标准	用户标识	供电方式	用电情况	采集业务要求
大型专变用户（A类）	100kVA及以上的专变用户	A1	高压供电	用户多路专线接入，有专用变电站	安装变电站电能采集终端，直接采集或者通过主站接口从调度电能量采集系统获取转发数据
		A2		专线供电，在变电站计量的高供高计用户	在变电站安装电能采集终端，直接采集或者通过主站接口从调度电能采集系统获取转发数据；在用户端安装专变采集终端进行用电负荷控制
		A3		单回路或双回路高压供电的专变用户，高供高计或高供低计，通常有多个计量回路	在用户端安装专变采集终端实现抄表和用电负荷控制
中小型专变用户（B类）	100kVA以下的专变用户	B1		50kVA以上高压供电的专变用户，用电计量分路较少	在用户端安装专变采集终端实现预付费控制和自动抄表
		B2		50kVA以下高压供电的专变用户，单回路计量，两路以下的用电分路	在用户端安装专变采集终端实现预付费控制和自动抄表；或者安装配备远程通信模块的电能表直接远程通信并输出跳闸信号，由配置跳闸装置来执行预购电控制
三相一般工商业用户（C类）	执行非居民电价的三相电力用户	C1	低压供电	配置计量TA的用户，容量≥50kVA	安装专变采集终端实现抄表和用电负荷控制；或者安装配备远程通信模块的电能表直接远程通信并输出跳闸信号；或者低压集中抄表，独立表箱布置，电能表输出跳闸信号，需要配置跳闸装置来执行预购电控制
		C2		配置计量TA的用户，容量<50kVA	低压集中抄表，独立表箱布置，电能表输出跳闸信号，需要配置跳闸装置来执行预购电控制
		C3		直接接入计量的三相非居民电力用户	低压集中抄表，配置跳闸继电器的电表执行预购电控制
居民用户（E类）	执行居民电价的用户	E1	低压供电	配置计量TA的三相居民用户，容量>25kVA	低压集中抄表，独立表箱布置，需要配置跳闸装置来执行预购电控制
		E2		三相居民用户，直接接入方式计量	低压集中抄表，配置带跳闸继电器的电能表执行预购电控制，电能表单独带有本地通信信道
		E3		城镇单相居民用户，独立表箱，直接接入方式计量	
		E4		农村单相居民用户，独立表箱，直接接入方式计量	
		E5		单相居民用户，集中表箱布置，直接接入方式计量	低压集中抄表，配置带跳闸功能能的电能表执行预购电控制，电能表可经由采集器和集中器通信

续表

采集对象	分类标准	用户标识	供电方式	用电情况	采集业务要求
公变考核计量点（F类）	统调发电厂内的上网关口		上网关口	关口计量点在发电厂侧	在发电厂安装电能采集终端，直接采集；或者通过主站接口从调度电能采集系统获取转发数据
	非统调发电厂内的上网关口		上网关口	关口计量点在发电厂侧	
	变电站内的发电上网或网间关口		上网关口	关口计量点在变电站	在变电站安装电能采集终端，直接采集；或者通过主站接口从调度电能采集系统获取转发数据
	省对市、市对县下网关口，考核和管理计量点		下网关口	考核计量点在变电站	
	公配变考核关口		配变关口	配置计量TA的配变考核计量点	通过RS-485接口直接接入到集中器实现自动抄表或直接在集中器集成交流采样功能实现计量和配变监测

表4-2　各类用户接线方式

采集对象	用户标识	接线方式	用电业务情况
A类	A1	用户多路专线接入，有专用变电站	
	A2	专线供电，在变电站计量的高供高计用户	
	A3	单回路或双回路高压供电的专变用户，高供高计或高供低计，通常有多个计量回路	$S \geqslant 315$kVA 315kVA$>S\geqslant 100$kVA
B类	B1	50kVA以上高压供电的专变用户，用电计量分路较少	动力 动力+照明 三相专变供电路灯 单相专变供电路灯 移动电话基站
	B2	50kVA以下高压供电的专变用户，单回路计量，两路以下的用电分路	
C类	C1	配置计量TA的用户，容量50≥kVA	动力部分 三相照明部分 路灯 移动电话基站 交通信号灯 多用户共享专变
	C2	配置计量TA的用户，容量50<kVA	
	C3	直接接入计量的三相非居民电力用户	
D类	D1	单相非居民用户，直接接入方式计量	

续表

采集对象	用户标识	接线方式	用电业务情况
E类	E1	配置计量TA的三相居民用户，容量>25kVA	三相照明 单相照明 电采暖 小区公用
	E2	三相居民用户，直接接入方式计量	
	E3	城镇单相居民用户，独立表箱，直接接入方式计量	
	E4	农村单相居民用户，独立表箱，直接接入方式计量	
	E5	单相居民用户，集中表箱布置，直接接入方式计量	
F类	F1	统调发电厂内的上网关口，计量点在发电厂侧	
	F2	非统调发电厂内的上网关口，计量点在发电厂侧	
	F3	变电站内的发电上网或网间关口，计量点在变电站	系统站跨国、网、省际关口
	F4	省对市、市对县下网关口，考核和管理计量点，计量点在变电站	系统站内母线、联络、旁路主变、公配线路计量点
	F5	公配变考核关口，考核计量点	手拉手线路、分歧、分段计量点

二、采集数据项要求

对于A类、B类对象，需要对5种电能计量数据、5种测量量，以及开关状态、终端及计量设备的工况信息、电能质量、终端和电能表记录的事件、预付费信息进行采集；对于A类还要求采集负控信息。

对于C类、D类和E类对象，需要采集3种电能计量数据、电能表记录的事件和预付费信息。

对于F5类用户，需要采集3种电能计量数据、5种测量量，以及开关状态、终端及计量设备的工况信息、电能质量和电能表记录的事件信息。

对各类用户采集数据项的要求见表4-3。

表4-3 采集数据项要求

采集对象类别	采集数据项
A	电能数据：总电能示值、各费率电能示值、总电能量、各费率电能量、最大需量等； 交流电气量：电压、电流、有功功率、无功功率、功率因数等； 工况数据：开关状态、终端及计量设备工况信息； 电能质量：电压、功率因数、谐波等越限统计数据； 事件记录：终端和电能表记录的事件记录数据； 其他数据：预付费信息、负荷控制信息等
B	电能数据：总电能示值、各费率电能示值、总电能量、各费率电能量、最大需量∞； 交流电气量：电压、电流、有功功率、无功功率、功率因数等； 工况数据：开关状态、终端及计量设备工况信息； 事件记录：终端和电能表记录的事件记录数据； 其他数据：预付费信息等

续表

采集对象类别	采 集 数 据 项
C、D、E	电能数据：总电能示值、各费率电能示值、最大需量等； 事件记录：电能表记录的事件记录数据； 其他数据：预付费信息等
F5	电能数据：总电能示值、总电能量、最大需量等； 交流电气量：电压、电流、有功功率、无功功率、功率因数等； 工况数据：开关状态、终端及计量设备工况信息； 电能质量：电压、功率因数、谐波等越限统计数据； 事件记录：电能表记录的事件记录数据

由于采集系统配置的电能表或采集终端设备都具有相应的功能，足以支持系统对各类用户采集数据项的新要求。

三、采集终端档案建立方法

不同的客户类型的采集终端建档流程接近，在建档时部分选择处稍有不同。在本模块的学习中主要以低压集中抄表终端档案建立为例讲解采集终端档案的建立，其他类型的客户的采集终端档案建立参照低压集中抄表终端建档。

采集终端建档所涉及的计量点基本信息均来源于营销业务系统的客户基础档案，国家电网有限公司用电信息采集终端档案的建立是在营销业务系统（俗称SG186）进行的，在所有档案建立完成后再同步给采集系统进行抄表调试。

营销业务系统采集终端档案的建立基本流程如图4-1所示。

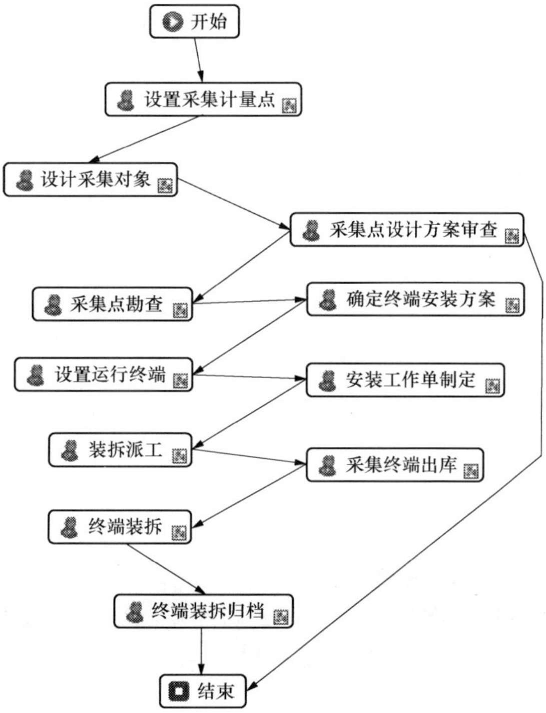

图4-1　营销系统采集终端档案建立流程

在采集档案建立流程正式启动之前我们需要确保，在营销业务系统里面有相应的采集终端的资产信息及 SIM 卡（GPRS/CDMA 无线公网通信的采集终端）的信息。如果系统里面没有对应的采集终端资产，在启动流程之前我们需要把采集终端的资产信息先录入营销业务系统。在采集终端资产信息录入时将涉及一些采集方式及参数的选择，现将一些概念及基本参数介绍如下。

上行通信信道可选用 230MHz 专网、GPRS 无线公网、CDMA 无线公网、以太网；下行通信信道可选用微功率无线、电力线载波、RS485 总线、以太网等。

现场技能操作实训指导

一、工作任务描述

1. 任务名称

采集终端档案建立。

2. 适用对象

电能（用能）信息采集与监控技术人员。

3. 具体任务

正确操作营销业务系统（SG186）新建指定用户采集终端档案 1 份。

4. 工作规范及要求

（1）熟练操作营销业务系统（SG186），正确、完整录入采集终端基本资产档案及相关信息。

（2）采集终端与用户及计量点关联正确。

（3）能正确完成流程，流程中各项参数选择填写正确。

（4）客户相关信息。

户号：________________

户名：________________

用电地址：________________

用户类型：________________

终端编码：________________

终端地址：________________

电能表地址：________________

终端类型：________________

5. 时间要求

本模块操作时间为 30min，时间结束立即终止任务。

二、采集终端档案建立的具体步骤

（一）SIM 卡及采集终端资产建档

作为采集终端档案建立的准备工作，在正式启动建档流程之前我们需要先核查营销系统里是否已存在我们将要使用到的采集终端及 SIM 的资产，如果没有相应的资产，我们便要先建立相应的资产信息，步骤如下。

（1）SIM 卡的资产建档。在营销业务系统业务菜单下选择“采集管理”→“采集终端安装”→“SIM卡建档”项，如图4-2所示。

在弹出的SIM卡建档的界面（见图4-3）中将制造单位、IP地址、起始手机号、手机号、数量等信息填写完成后，单击Enter键，在下方的空白区域中会出现建档的信息，单击“建档”按钮，便完成了SIM卡的建档工作。

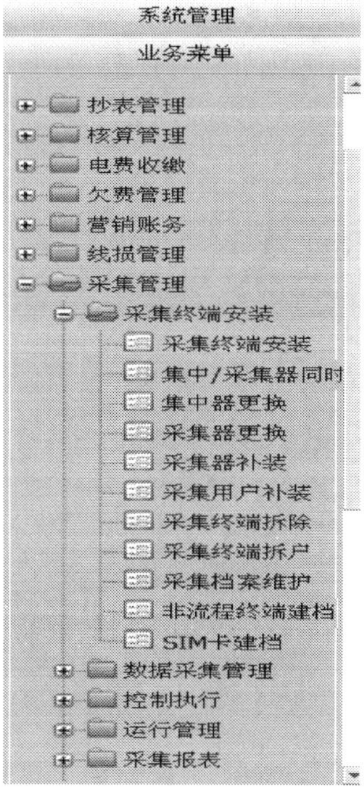

图4-2 SIM卡建档管理下拉菜单

（2）采集终端资产的建档。在营销业务系统业务菜单下选择“计量公共查询”→“资产编辑”项，如图4-4所示。在弹出的资产编辑的页面中选择“采集终端”，如图4-5所示。单击“添加”按钮，在下方空白区域依次填入采集终端的信息：资产编号、出厂编号、类型、型号、采集方式、通信方式、当前状态（此处新建采集终端必须选择“库存”，否则在后续流程中将无法使用该采集终端）等，填好所有信息后单击“保存”按钮即可，如果提示有没有完成的信息项，则需要将所有信息填写完成后再单击“保存”按钮。

需要强调的是，在建档之前我们可以输入出厂编号、资产编号等信息先查询系统中是否真的不存在需要使用的采集终端的资产，确认无可用采集终端资产后才建档，以免重复建档造成多余的垃圾档案。

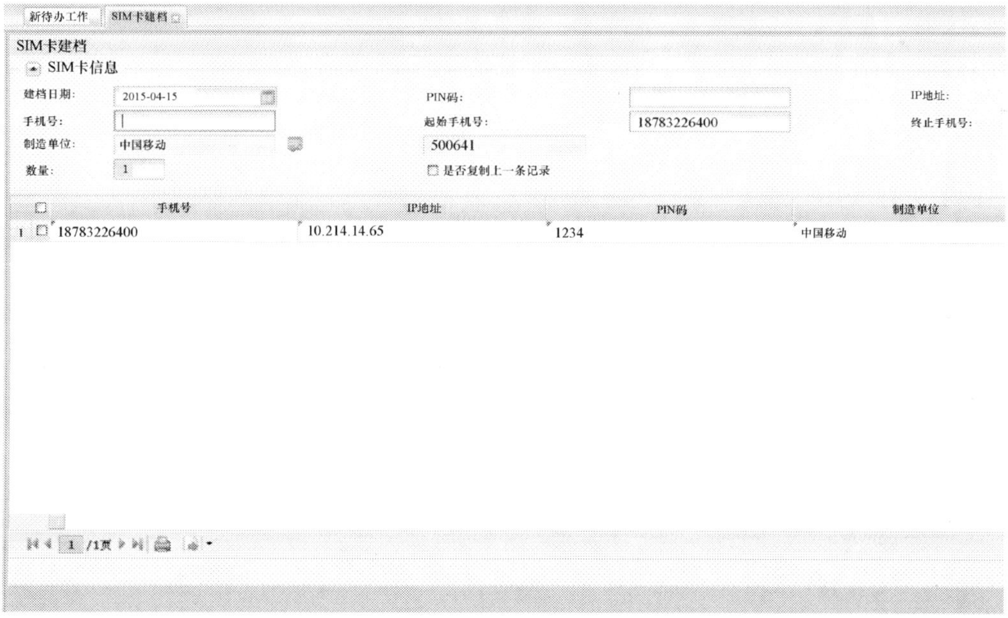

图4-3 营销系统SIM卡建档交互界面

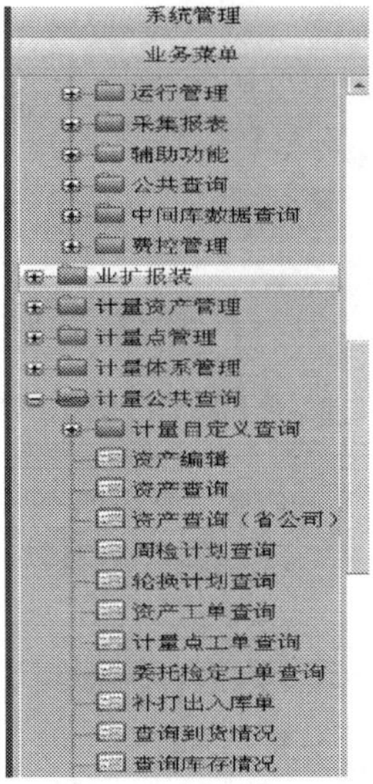

图 4-4　计量公共查询下拉菜单

低压集中抄表终端档案建立。本模块我们以带采集器的低压用户采集档案的建立为例讲解低压集中抄表终端档案建立。这类型的采集主要指的是带采集器和集中器的采集用户，是一种电能表直接与采集器关联，采集器与集中器关联的采集方式。

还有一种类型的集抄系统是不带采集器的，是一种电能表直接与集中器关联的采集方式，此种方式的采集终端建档参照带采集器的低压用户采集档案的建立，只是将采集器部分去掉即可。

（二）营销业务系统流程建档

1. 申请页面

（1）查询用户。通过查询条件选择出需要建立采集档案的用户（见图 4-6），并选择需要创建的采集点。

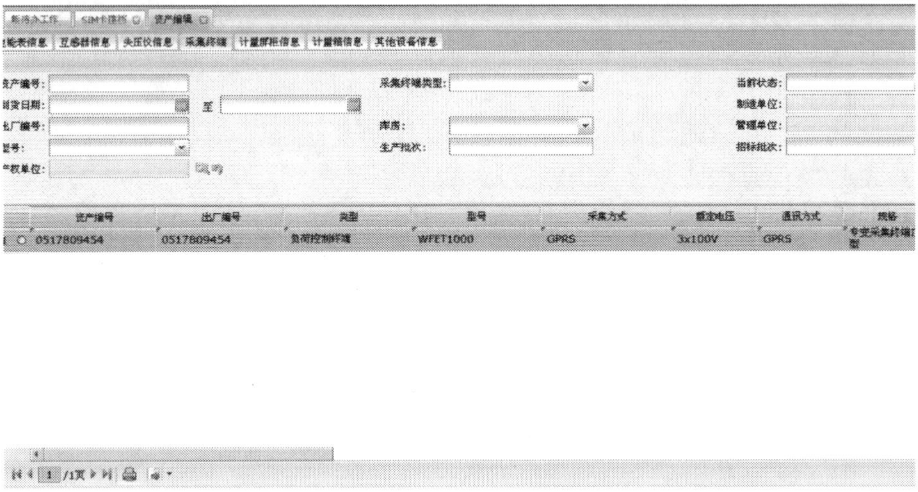

图 4-5　营销系统采集终端资产建档交互界面

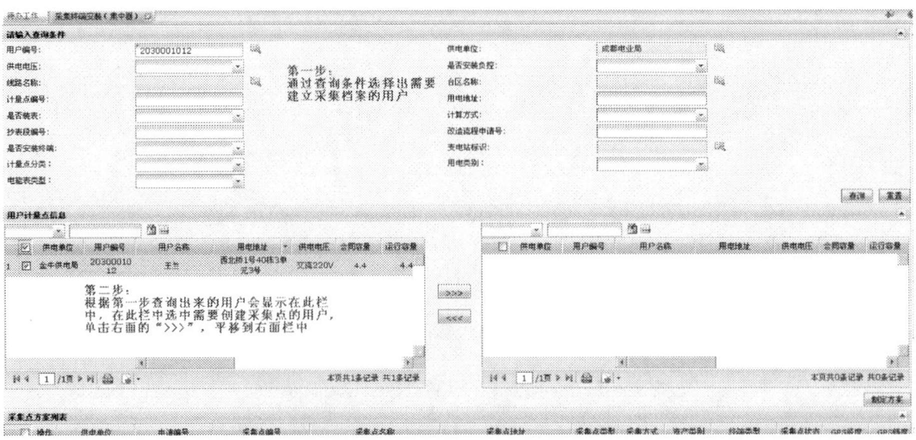

图 4-6　选择需要创建的采集点交互界面

（2）编辑采集点信息。选中采集用户，单击“制订方案”制订采集用户的采集方案，在弹出的对话窗口中对采集点方案信息进行编辑（见图4-7）。

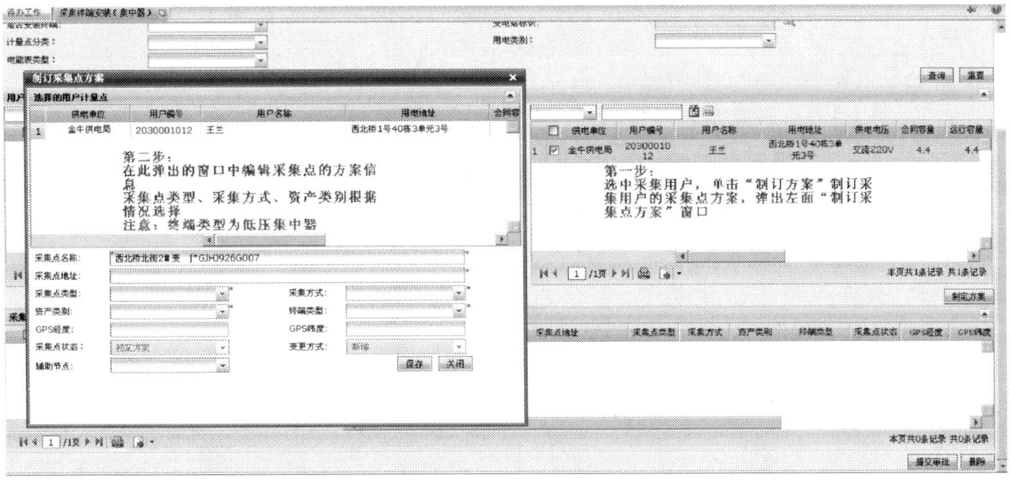

图4-7　制订采集点方案交互界面

（3）启动流程。对已经创建的采集点方案单击“提交审批”，启动业务流程（见图4-8）。

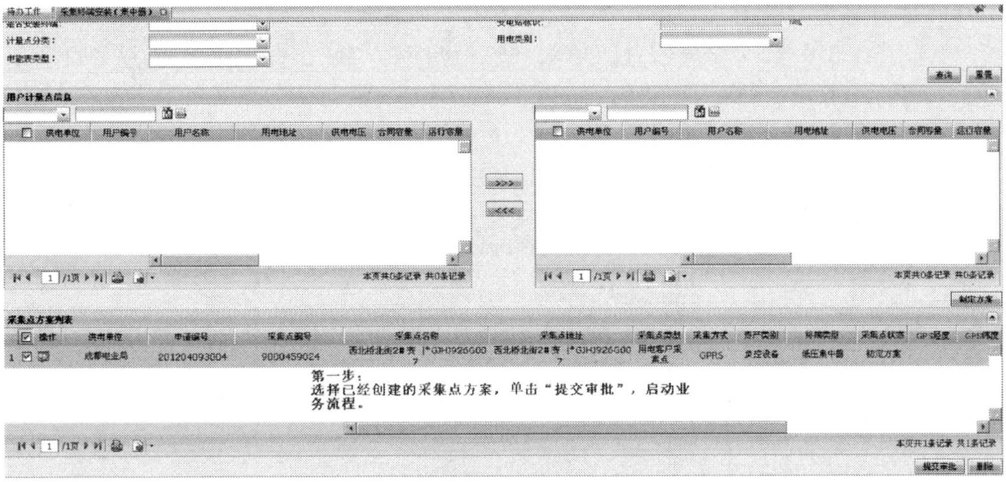

图4-8　采集点方案提交审批交互界面

2. 方案审查

在代办工作中选择对应的流程，审批结果选择“通过”，提交流程（见图4-9）。

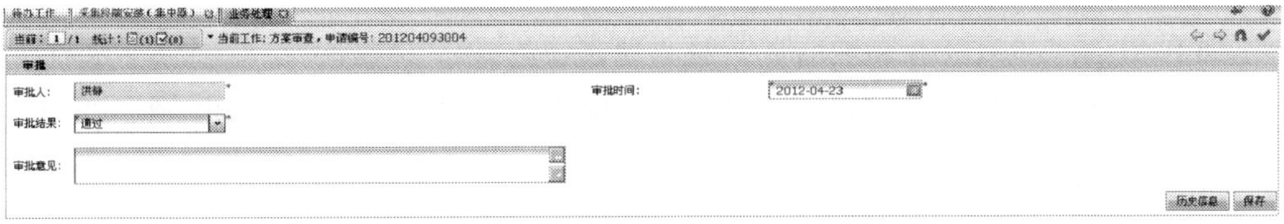

图4-9　采集点方案审查交互界面

3. 采集点勘查

在代办工作中选择对应的流程，在弹出的业务处理窗口中单击“添加勘查结果”，在弹出的窗口“添加勘查信息”中录入对应的勘查结果后提交流程（见图 4-10）。

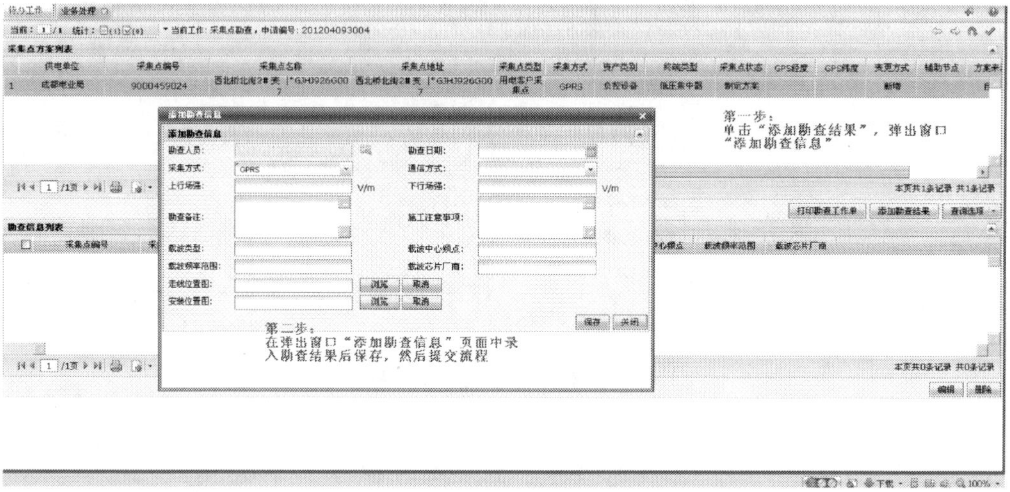

图 4-10　采集点勘察交互界面

4. 确认安装方案（代办工作）

（1）配置低压集中器的参数信息。单击“添加终端方案”，在添加终端方案对话窗口中录入采集终端的相关参数信息（见图 4-11）。

图 4-11　低压集中器基本参数配置交互界面

（2）低压集中器其他参数详细信息。单击“制定终端详细参数”，在制定终端详细参数窗口中填写相关的采集点控制参数、通信参数、开关参数等，其中采集点控制参数和通信参数是必填项目（见图 4-12）。

5. 制订采集器方案

在终端方案中选中用户，单击“所属终端方案制订”，在弹出的采集器方案的窗口中编辑用户的采集器信息（见图 4-13）。

图 4-12　低压集中器其他参数配置交互界面

图 4-13　采集器方案制订交互界面

6. 安装任务制定（代办工作）

在“安装任务制定”的业务流程界面中单击“制定安装任务”，单击提交流程（见图 4-14）。

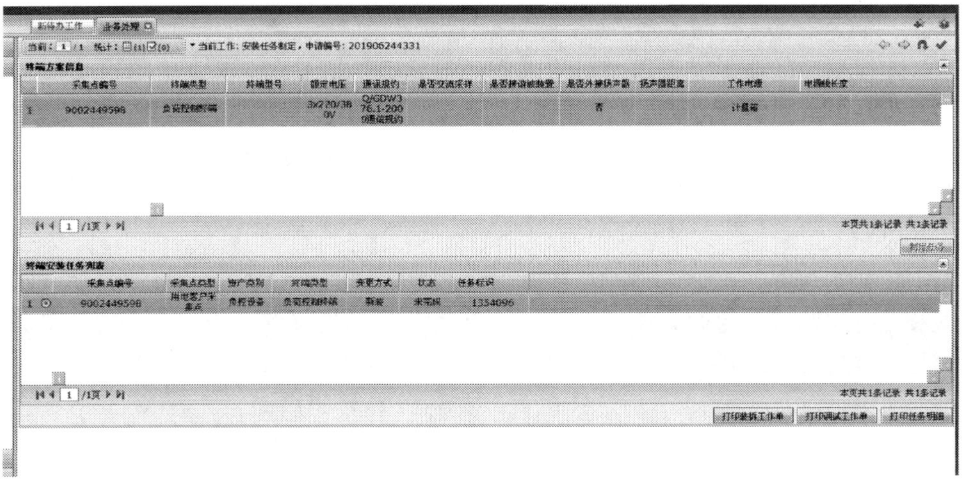

图 4-14　安装任务制定交互界面

7. 申领设备（代办工作）

在“申领设备”的业务流程界面中单击“申领设备”，单击提交流程（见图 4-15）。

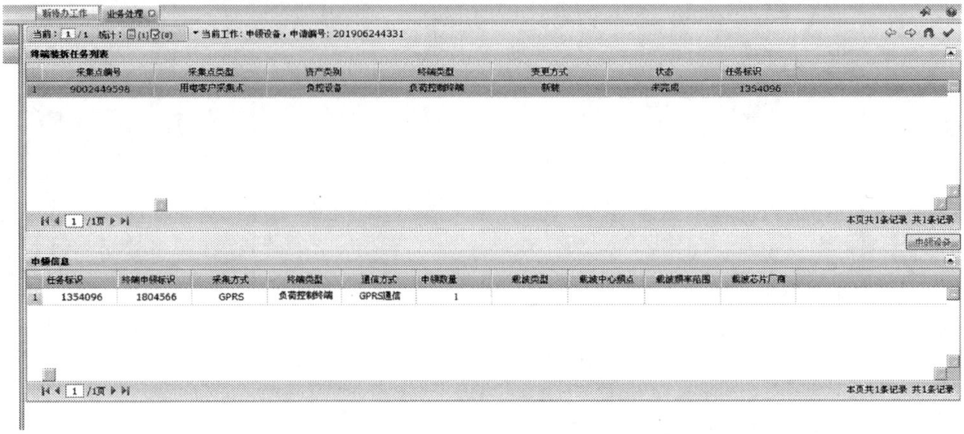

图 4-15　申领终端交互界面

8. 派工（代办工作）

在“派工”的业务流程界面中选择设备领取人员后派工，提交流程（见图 4-16）。

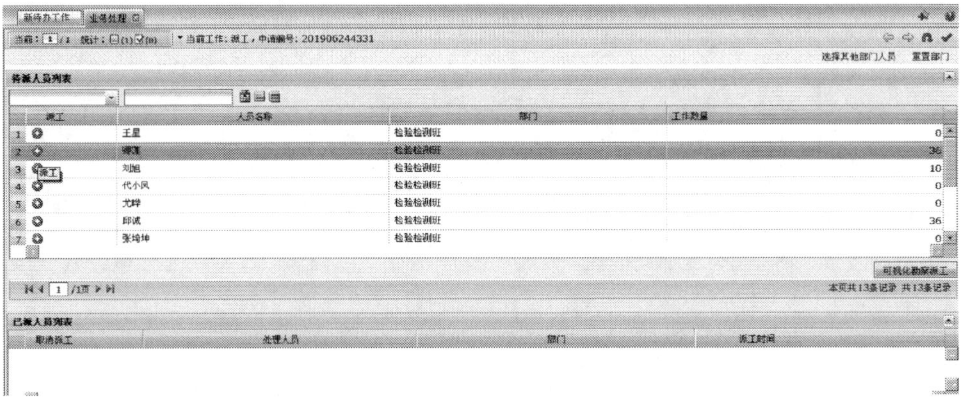

图 4-16　采集终端新装派工交互界面

9. 出库（代办工作）

在“出库信息”的业务流程界面中输入资产编号后单击 Enter 键，出库提交流程（见图 4-17）。

根据终端参数信息在计量库中选择低压集中器、采集器后出库，如果库房中无此类采集终端资产，可以在计量资产编辑中添加相应的采集终端资产信息（根据现场实际的采集终端参数信息添加）。

10. 采集终端调试

在“采集终端调试”的业务流程界面中，首先单击“选择终端资产”，把终端资产与采集点关联上，在终端地址码一栏填入该采集终端的终端地址码；再单击“设置终端参数”，在弹出的页面中可以选择 SIM 卡信息，也可以在 GPRS 号码后面录入 SIM 卡号；在参数都填写好以后单击“同步调试档案”，把采集档案同步给采集系统；单击“录入调试结果”将调试结果录入后提交流程（见图 4-18）。

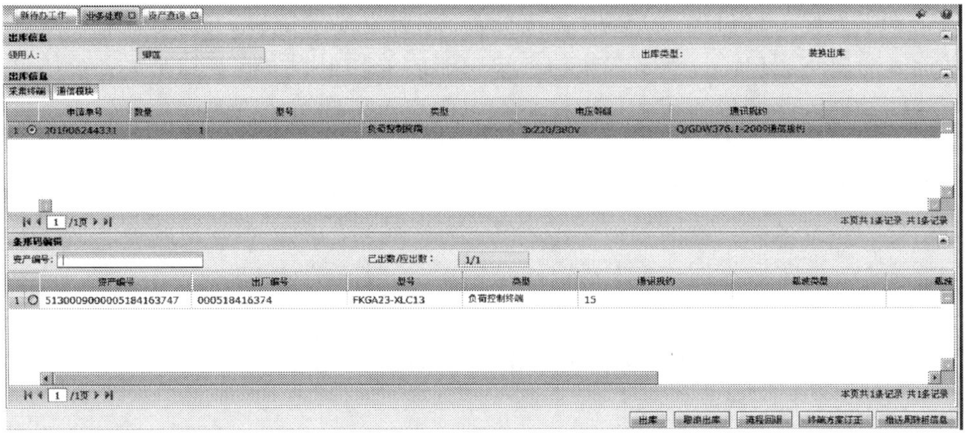

图 4－17　终端出库交互界面

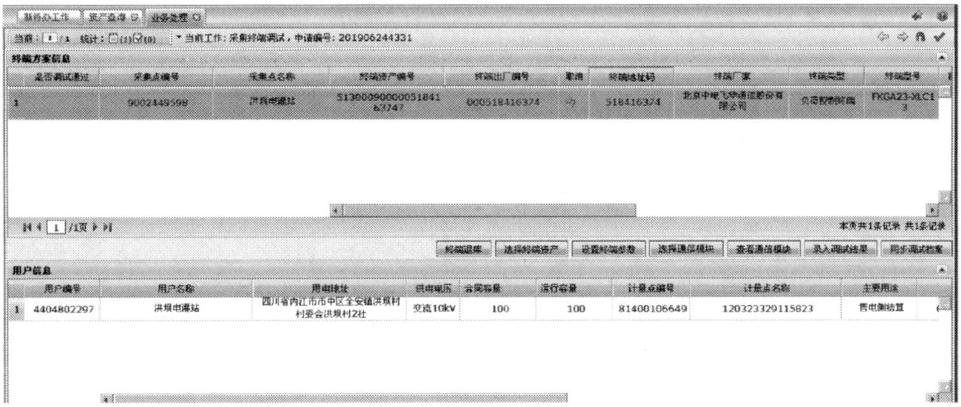

图 4－18　采集终端调试交互界面

11. 采集终端安装归档

在“终端安装归档”的业务流程界面中，单击“归档”，提交流程后整个流程便结束了（见图 4－19）。

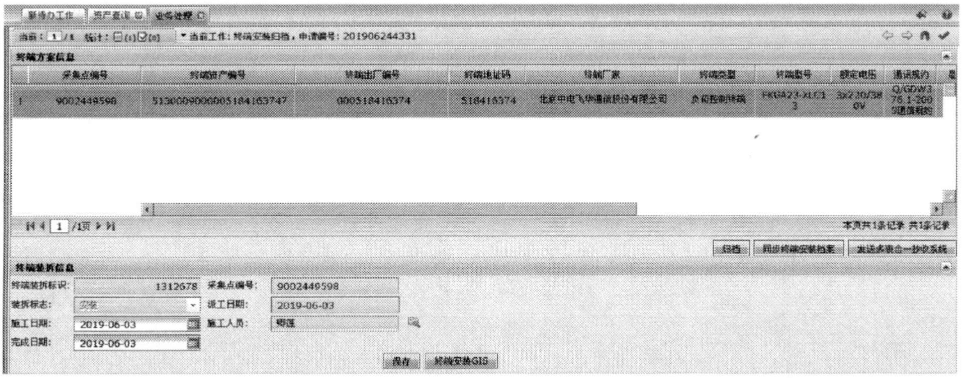

图 4－19　采集终端安装归档交互界面

（三）营销业务系统非流程建档

采用营销业务系统流程建档步骤多，在实际的工作中一个流程将会花费大量的时间，工作效率低，为了方便大批量的采集终端的建档，营销业务系统里面有一个非流程建档的功能，该功能只需要将用户计量点、采集器、集中器的关联正确再同步给采集系统便可以实现采集系统建档功能。此方法的缺点是无法查询该用户采集档案建档时间和流程信息。

1. 创建采集点（集中器）

在图 4 - 20 所示界面中选择非流程终端建档，单击“新增”项，在弹出的页面编辑用户采集点的信息，包括名称、地址等；单击“终端资产编号”项，在弹出的资产页面中选择对应的集中器资产，完善所有加“ * ”的必填项后单击“保存”按钮。

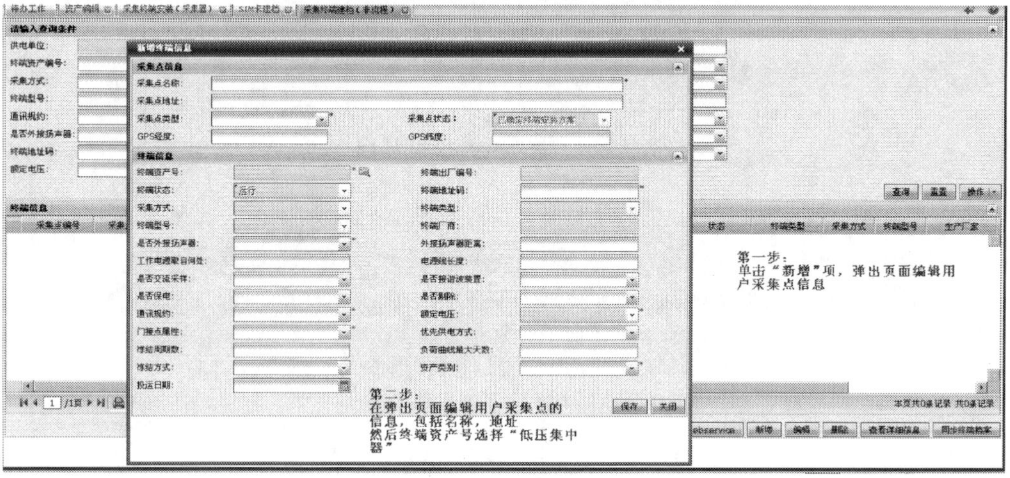

图 4 - 20　非流程终端建档交互界面

2. 添加采集器与电能表

查询出新建的采集点，选中新建的采集点，单击“查看详细信息”项，切换到“修改终端详细信息”页面。首先在“终端信息”一栏的下方单击“新增”项，添加用户的采集器，如果没有采集器，此操作就忽略不做；再在“电能表信息”一栏的下方单击“新增”项，添加用户的电能表。需要注意的是，带采集器的低压集中抄表终端的档案建立一定要确保用户的电能表要关联在对应的采集器下。非流程建档添加采集器与电能表交互界面如图 4 - 21 所示。

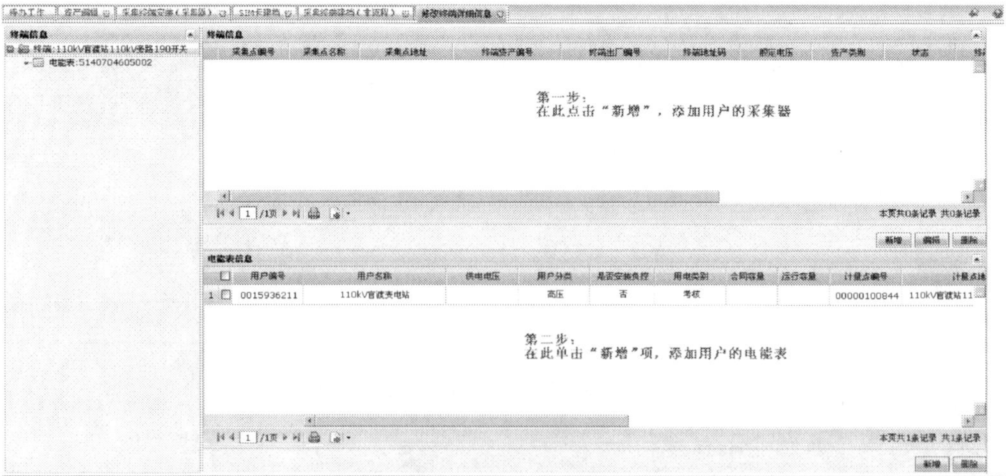

图 4 - 21　非流程建档添加采集器与电能表交互界面

三、现场培训总结提炼

本模块重点介绍了采集终端档案建立的流程。通过对本模块的学习，可使用电信息采集与监控岗位一线人员具备采集终端档案建立的能力。

通过实际操作训练，学员能够掌握不同客户类型的采集终端建档的注意事项，提高对采集终端建档工作中常出现问题的分析解决能力。

技能操作考核评分细则

<table>
<tr><td colspan="8">编号：　　姓名：　　岗位：　　单位：</td></tr>
<tr><td colspan="8">成绩：　　考评员：　　考评组长：　　日期：</td></tr>
<tr><td colspan="2">技能操作模块名称</td><td>采集终端档案的建立</td><td>适用岗位</td><td>电能（用能）信息采集与监控</td><td>考核时限</td><td colspan="2">30min</td></tr>
<tr><td colspan="2" rowspan="2">需要说明的问题和要求</td><td colspan="6">（1）学员一人独立检查、操作，考评员监护</td></tr>
<tr><td colspan="6">（2）由考评人员预先给定客户档案信息，终端、所属对象、下属对象信息，在营销业务系统中新建1份采集终端档案，并将相关信息正确、完整录入。要求所属对象及下属对象符合给定的条件</td></tr>
<tr><td colspan="2" rowspan="2">工具、材料、设备、场地</td><td colspan="6">（1）营销业务系统软件，给定客户档案信息包括户名、户号、供电电压、负荷等级，采集终端信息包括型号、资产编号、生产厂家、电压等级、行政编码、地址编码、规约版本、开关配置，下属对象为电表1只，给定接线方式、电压等级、表地址、表规约。未给定的信息模拟填写</td></tr>
<tr><td colspan="6">（2）学员自备记录本或钢笔</td></tr>
<tr><td>序号</td><td>项目名称</td><td>质量要求</td><td>满分</td><td>扣分标准</td><td>扣分原因</td><td>扣分</td><td>得分</td></tr>
<tr><td>1</td><td>采集终端资产查询、建档</td><td>能正确的查询出给定采集终端的资产信息；正确建立给定采集终端的资产信息</td><td>10</td><td>无法完成查询操作扣5分，采集终端资产建档信息错误1处扣1分，扣完为止</td><td></td><td></td><td></td></tr>
<tr><td>2</td><td>流程启动</td><td>正确操作营销业务系统，按照给定客户档案信息，启动业务流程</td><td>15</td><td>无法启动整个流程此项及后续项不得分；用户选择错误扣5分；计量点选择错误扣5分</td><td></td><td></td><td></td></tr>
<tr><td>3</td><td>采集点勘查</td><td>正确添加勘查信息</td><td>15</td><td>采集点参数缺少或者错误1处扣1分，扣完为止</td><td></td><td></td><td></td></tr>
<tr><td>4</td><td>采集方案确认</td><td>正确配置采集终端的各项参数信息</td><td>20</td><td>参数缺少或者错误1处扣1分，扣完为止</td><td></td><td></td><td></td></tr>
<tr><td>5</td><td>采集终端申领、出库</td><td>正确申领给定采集终端资产，并成功出库</td><td>10</td><td>重复出库扣5分，出库资产错误此项不得分</td><td></td><td></td><td></td></tr>
<tr><td>6</td><td>采集终端调试</td><td>正确设置采集终端参数、终端地址码、调试结果等信息</td><td>15</td><td>采集终端参数、终端地址码等参数信息缺少或者错误1处扣1分，扣完为止</td><td></td><td></td><td></td></tr>
<tr><td>7</td><td>流程归档</td><td>完成整个流程归档</td><td>5</td><td>不能正确归档此项不得分</td><td></td><td></td><td></td></tr>
<tr><td>8</td><td>流程完整</td><td>正确完成所有流程，无缺失及错误流程</td><td>10</td><td>整个流程中缺少或者回退流程一次扣5分，扣完为止</td><td></td><td></td><td></td></tr>
<tr><td>9</td><td>合计</td><td></td><td>100</td><td></td><td></td><td></td><td></td></tr>
</table>

终端的初始化设置

培训目的

终端的初始化设置是用电信息采集专业岗位必备的基本技能，通过对安装完毕的采集终端进行本地参数初始化设置，使终端具备上线条件，为终端与主站的联合调试做好准备。

本模块主要讲解终端初始化设置的方法，通过操作步骤的演示讲解，使学员掌握需要设置的项目及参数和基本的设置方法。

专业知识准备

一、IP 地址

互联网协议地址（Internet Protocol Address，又译为网际协议地址），缩写为 IP 地址（IP Address）。IP 地址是 IP 协议提供的一种统一的地址格式，它为互联网上的每一个网络和每一台主机分配一个逻辑地址，以此来屏蔽物理地址的差异。

IP 地址被用来给 Internet 上的计算机和网络终端设备一个编号。大家日常见到的情况是每台联网的 PC 上都需要有 IP 地址，才能正常通信。我们可以把“个人电脑”比作“一台电话”，那么“IP 地址”就相当于“电话号码”，而 Internet 中的路由器，就相当于电信局的“程控式交换机”。

IP 地址是一个 32 位的二进制数，通常被分割为 4 个“8 位二进制数”（也就是 4 字节）。IP 地址通常用“点分十进制”表示成（a. b. c. d）的形式，其中，a，b，c，d 都是 0～255 的十进制整数。

无论用电信息采集终端采用 GPRS/CDMA 无线公网或专用以太网与主站连接，终端都是互联网络中的一台设备，都具有一个 IP 地址。

1. 主站 IP 地址

正确设置主站 IP 地址是终端与主站通信的必备条件之一，用电信息采集系统主站采用统一的主站 IP 地址与终端通信，所以各个终端都应按此设置方能通信。

2. 终端 IP 地址

终端 IP 地址是移动运营商为终端中 SIM 卡所分配的 IP 地址，是 SIM 卡本身自带的 IP 地址，不需要人工在终端上设置，而是终端上计算机自动读出。如果插入 SIM 卡后没有终端 IP 地址，即使主站 IP 地址设置正确，也无法上线，需要联系移动运营商在后台对 SIM 卡重新设置。

二、通信协议

通信协议（communications protocol）是指双方实体完成通信或服务所必须遵循的规则和约定。协议定义了数据单元使用的格式，信息单元应该包含信息与含义、连接方式、信息发送和接收的时序，从而确保网络中数据顺利地传送到确定的地方，通信协议常常也叫作通信规约。

在计算机通信中，通信协议用于实现计算机与网络连接之间的标准，网络如果没有统一的通信协议，电脑之间的信息传递就无法识别。通信协议是指通信各方事前约定的通信规则，可以简单地理解为各计算机之间进行相互会话所使用的共同语言。两台计算机在进行通信时，必须使用的通信协议。

IP是为计算机网络相互连接进行通信而设计的协议。在因特网中，它是能使连接到网上的所有计算机网络实现相互通信的一套规则，规定了计算机在因特网上进行通信时应当遵守的规则。任何厂家生产的计算机系统，只要遵守IP协议就可以与因特网互连互通。正是因为有了IP协议，因特网才得以迅速发展成为世界上最大的、开放的计算机通信网络。因此，IP协议也可以叫作“因特网协议”。

三、端口号

在网络技术中，端口（Port）包括逻辑端口和物理端口两种类型。物理端口指的是物理存在的端口，如ADSL Modem、集线器、交换机、路由器上用于连接其他网络设备的接口，如RJ-45端口、SC端口等。逻辑端口是指逻辑意义上用于区分服务的端口，如TCP/IP协议中的服务端口，端口号的范围是0～65535，比如用于浏览网页服务的80端口，用于FTP服务的21端口等。由于物理端口和逻辑端口数量较多，为了对端口进行区分，将每个端口进行了编号，这就是端口号。

如果把IP地址比作一间房子，端口就是出入这间房子的门。真正的房子只有几个门，但是一个IP地址的端口可以有65536个之多。端口是通过端口号来标记的，端口号只有整数，范围是0～65535。

四、APN

由于用电信息采集终端大都采用GPRS/CDMA无线公网与主站通信，可以访问的外部网络类型有很多，例如Internet、WAP网站、集团企业内部网络、行业内部专用网络等。而不同的接入点所能访问的范围以及接入的方式是不同的，网络侧如何知道终端激活以后要访问哪个网络从而分配该网段的IP呢？这就要靠APN来区分了，即APN决定了用户的手机通过哪种接入方式来访问什么样的网络。

APN（Access Point Name），即“接入点名称”，是用电信息采集终端连接无线公网时必须配置的一个参数，它决定了采集终端通过哪种接入方式来访问网络，用来标识GPRS/CDMA的业务种类。

五、测量点

测量点（measured point）是指可以测量出唯一的一组电气量值的测量装置与终端的顺序电气连接点，当物理上相同的一个电气连接点被多个装置所测量，或者被一个装置所测量但通过多种方式被传递到终端时，按照多个测量点计，每个测量点具有唯一的逻辑定位编码，是该装置在终端的参数配置、数据应用的唯一对象标识。

六、波特率

终端在串口通信时的速率，指的是信号被调制以后在单位时间内的变化，即单位时间内载波参数变化的次数，如每秒钟传送240个字符，而每个字符格式包含10位（1个起始位，1个停止位，8个数据位），这时的波特率为240Bd，比特率为10位×240个/s＝2400b/s。又比如每秒钟传送240个二进制位，这时的波特率为240Bd，比特率也是240b/s。（但是一般调制速率大于波特率，比如曼彻斯特编码）。

波特率，可以通俗的理解为一个设备在一秒钟内发送（或接收）了多少码元的数据。它是对符号传输速率的一种度量，1 波特即指每秒传输 1 个码元符号（通过不同的调制方式，可以在一个码元符号上负载多个 bit 位信息），1 比特每秒是指每秒传输 1 比特（bit）。单位“波特”本身就已经是代表每秒的调制数，以“波特每秒”（Baud per second）为单位是一种常见的错误。

现场技能操作实训指导

一、工作任务描述

1. 任务名称

终端的初始化设置。

2. 适用岗位

用电信息采集与监控。

3. 具体任务

对给定终端，进行初始化参数设置，并查询设置后测量点的各项数据。

4. 工作规范及要求

（1）准确识读给定终端上电后的液晶界面显示，能正确说出各个符号和内容的含义。

（2）正确操作终端主菜单和各按键，正确设置终端行政区码和 APN。

（3）正确操作终端主菜单和各按键，正确设置主站 IP 地址和端口。

（4）对给定终端进行测量点配置，配置参数要与终端下的电能表参数一致。

（5）终端初始化设置完成后，通过查询终端联网状态和测量点数据，了解终端设置是否正确。

5. 时间要求

本模块操作时间为 40min，时间结束立即终止任务。

二、现场实操作业步骤

本模块操作终端以某厂家生产的 FKGA43 - CL790D 终端为例进行讲解。

1. 终端信息设置

（1）长按终端设置按钮，如图红色圈所示，使终端界面上部显示“P”字，如图 5 - 1 所示。

（2）如图 5 - 2 所示，选择“9. 参数设置”，进入参数设置子菜单（见图 5 - 3）。

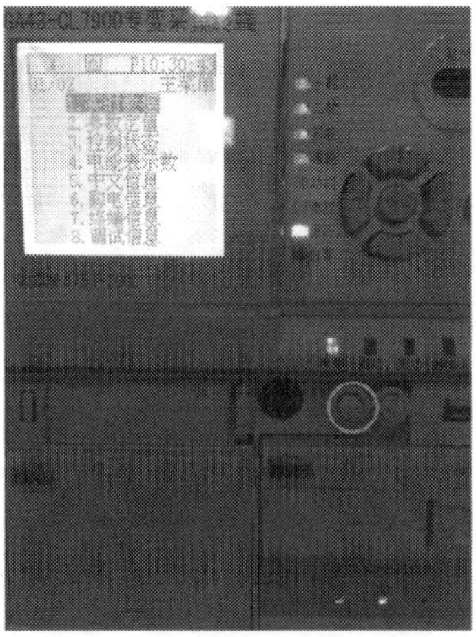

图 5 - 1　终端主菜单

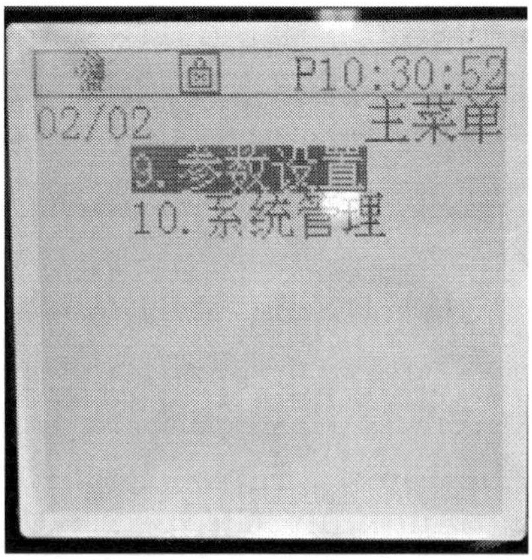

图 5 - 2　主菜单（终端参数设置激活）

（3）在参数设置子菜单中，选择“2. 终端信息设置”，单击“确认”按键，进入终端信息设置密码输入界面（见图 5-4）。

（4）输入某厂家设置密码“000000”，进入终端信息配置界面。

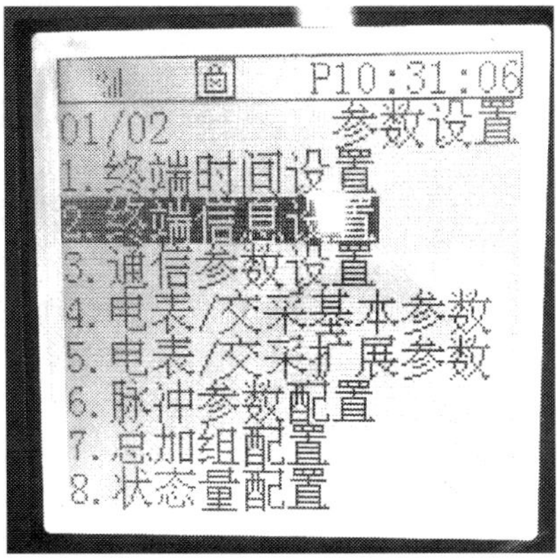

图 5-3 终端参数设置子菜单（终端信息设置激活）

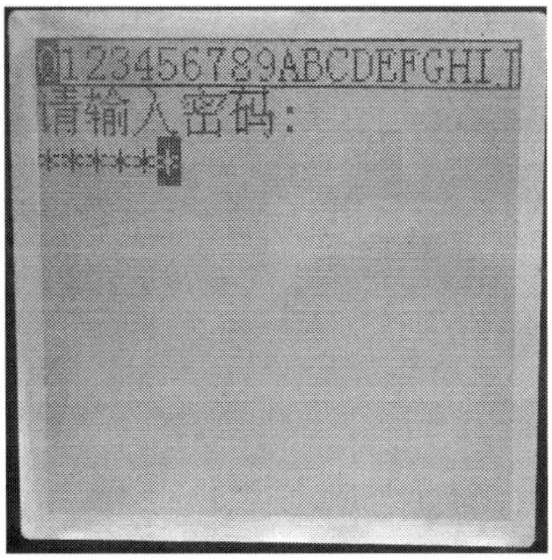

图 5-4 输入终端参数设置密码

（5）在终端信息配置界面（见图 5-5）依次设置主站 IP 地址和端口号，并保存。

（6）某供电公司 APN 为 CDSCDL. SC，在如图 5-6 所示终端信息配置界面正确输入，并保存。

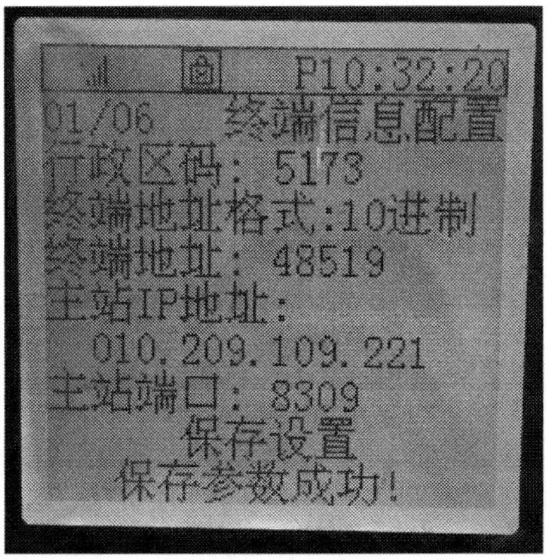

图 5-5 终端信息配置界面

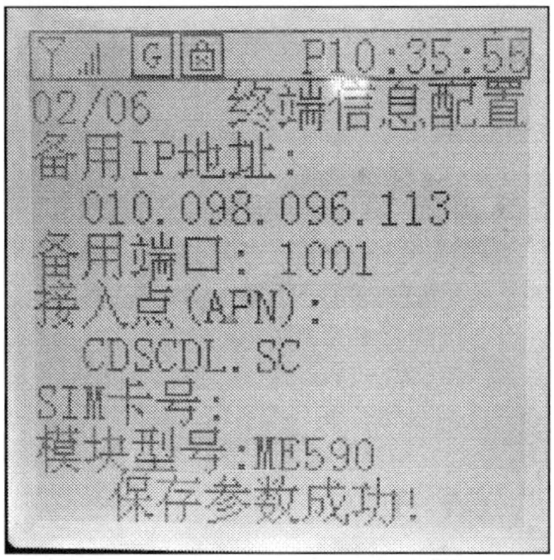

图 5-6 设置终端 APN 参数

（7）将终端信息配置翻至第 3 页，查询终端 IP 地址和无线公网信号强度，如图 5-7 所示。如终端 IP 地址为 0.0.0.0，则可能是 SIM 卡故障或欠费，应更换一张，保证能够有终端 IP 地址。如果信号强度低于 20，则应将外置天线置于空旷位置或者加装信号加强装置，保证信号强度不低于 20。

（8）可以看到设置完毕后，终端界面上部出现了“G”的符号，表示终端已经上线。

2. 测量点参数设置

（1）回到终端主菜单（见图 5-8），选择“9. 参数设置”，进入参数设置子菜单。

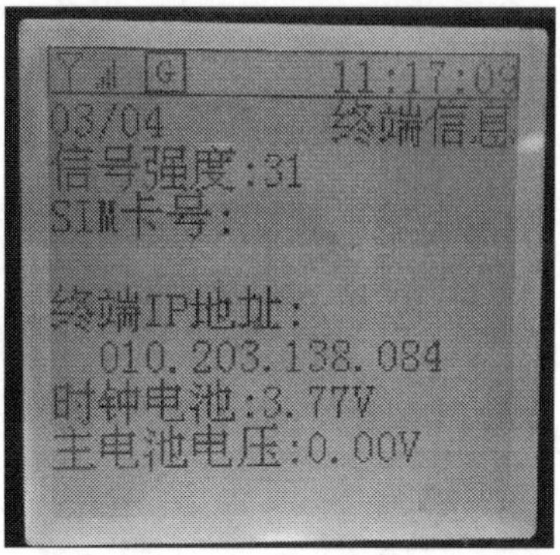

图 5-7 核查终端 IP 和信号强度

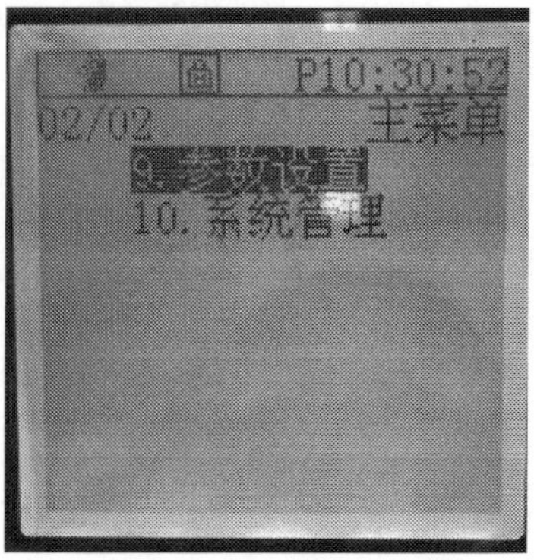

图 5-8 选择参数设置

（2）如图 5-9 所示，在终端参数设置子菜单中选择“4. 电表/交采基本参数”，进入测量点选择界面（见图 5-10）。

（3）选择测量点编号为“2”，测量点 1 是为终端本身的交流采样数据预留，所以，当终端需要与下属电表通信时，测量点从 2 开始编号。

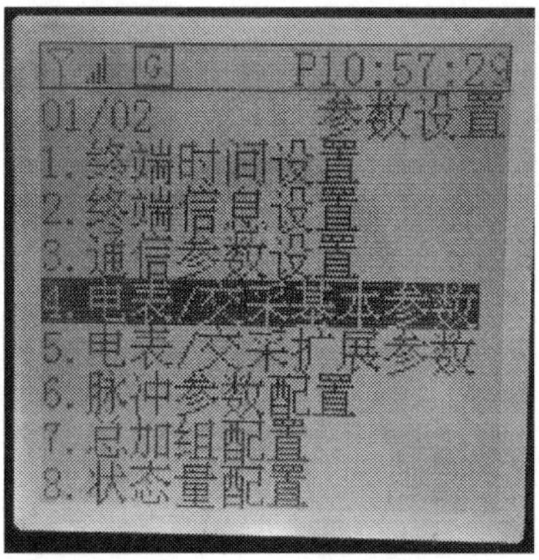

图 5-9 终端参数设置子菜单（电表/交采基本参数激活）

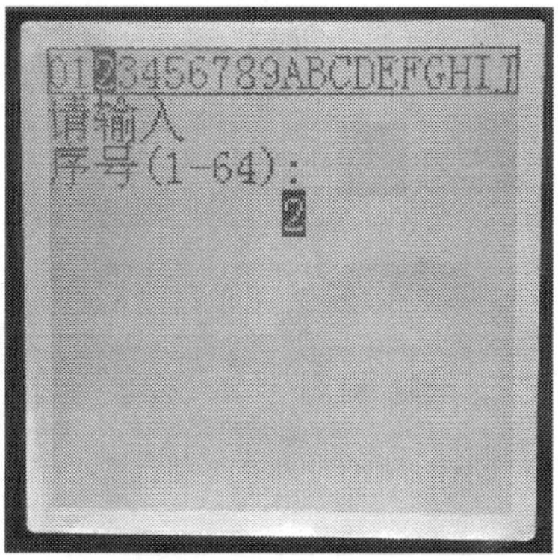

图 5-10 测量点选择界面

（4）在如图 5-11 所示界面输入设置密码“000000”，进入设置界面。

（5）如图 5-12 所示设置测量点号、端口号、波特率、通信规约、表地址，FKGA43-CL790D 的设置要求如下。

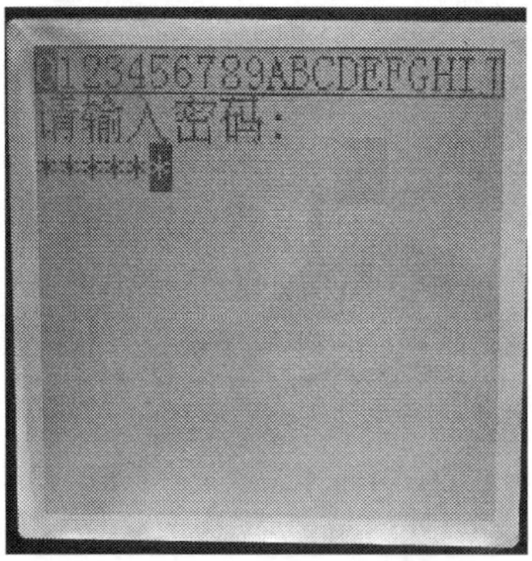

图 5-11 输入终端操作密码

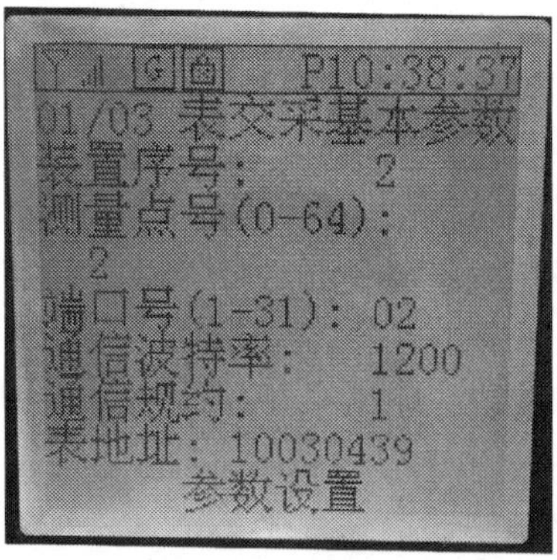

图5-12 电表/交采基本参数设置第 1 页

1）端口号：如果 RS-485 通信线接的是第 1 个 485 端口，则端口号设为 2；如果 RS-485 通信线接的是第 2 个 485 端口，则端口号设为 3。

2）波特率：根据电表通信规约设置，电表如果是 DL/T 614—1997 规约的话为 1200，电表如果是 DL/T 645—2007 规约的话则设为 2400。

3）通信规约：电表如果是 97 规约的话设为 1，电表如果是 2007 规约的话设为 30。

4）表地址就是电表的表地址，可通过电表铭牌找到。

（6）如图 5-13 所示翻至第 3 页，保存电表参数设置。

3. 查询终端抄表数据

（1）测量点设置完毕后，终端对应的 RS-485 口显示灯会红绿交替闪烁，表示正在抄表，单击如图 5-14 所示主界面“4. 电能表示数”，进入抄表数据查询界面。

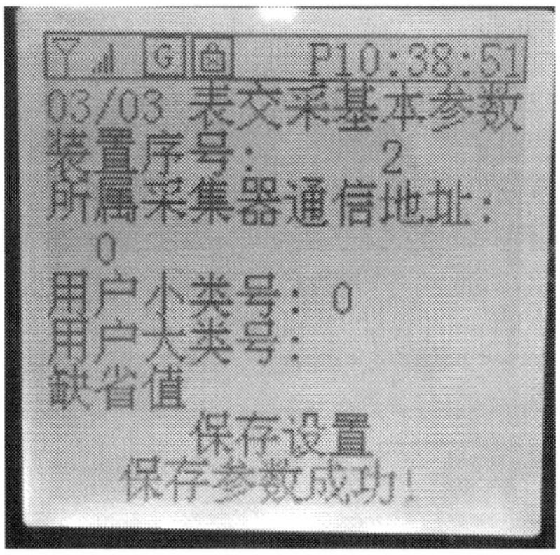

图 5-13 电表/交采基本参数设置第 3 页

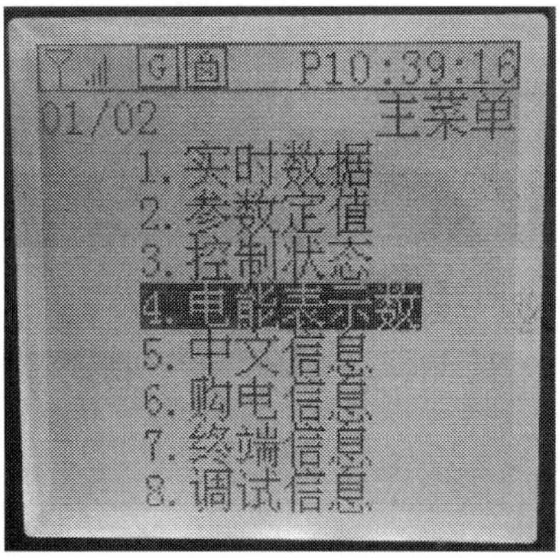

图 5-14 主菜单（电能表示数激活）

（2）在如图 5-15 所示界面选择“1. 电压电流电量示数”。

（3）在如图 5-16 所示界面输入测量点 2，进入。

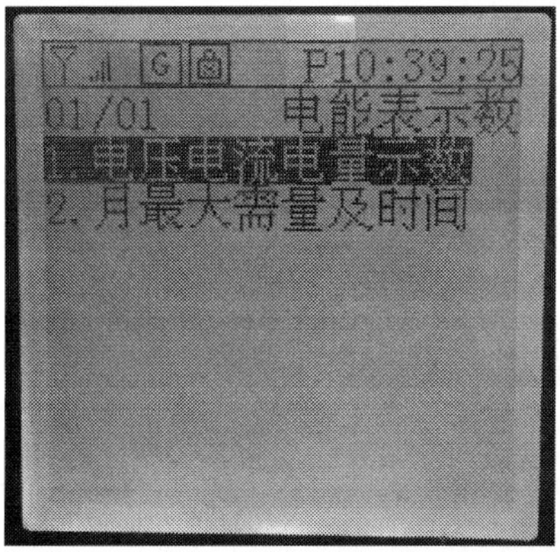

图 5-15 电能表示数界面

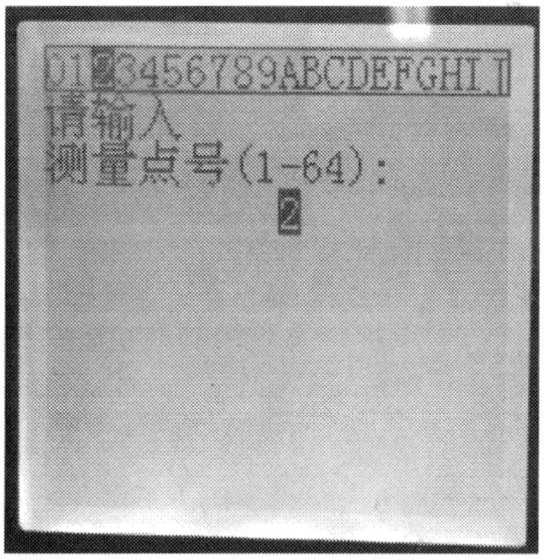

图 5-16 测量点号选择界面

（4）通过终端查询测量点 2 的电压电流电量示数，如图 5-17 所示为通过终端查询测量点 2 的电能信息示例。

（5）与电表核对电压电流电量示数。找到测量点 2 对应的电能表，通过翻看电能表数据，获得电表读数见图 5-18，与终端抄表数据进行核对。

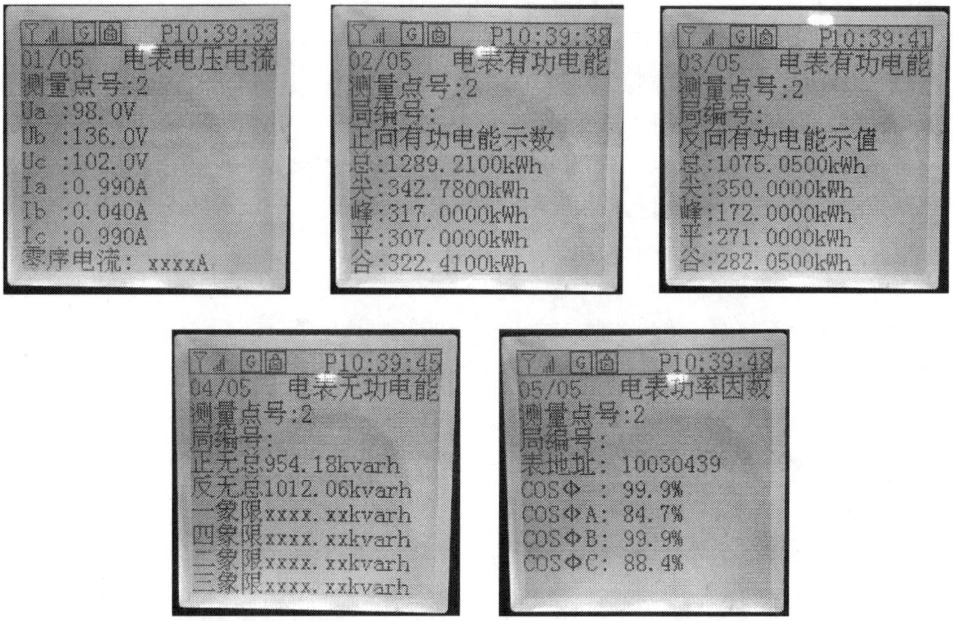

图 5-17　通过终端查询测量点 2 电能信息示例

图 5-18　通过电能表查询测量点 2 电能信息示例

三、培训总结提炼

本模块重点介绍了在专变客户采集终端上进行初始化的设置，讲述了设置的参数类型和设置方法。通过对本模块的学习，可使学员掌握现场终端上线准备的工作内容，进一步熟悉终端操作方法和步骤。本书只讲述了一种型号的终端操作方法；其他厂家或其他型号的国网Ⅲ型专变采集终端，显示界面和操作方法也是大同小异，学员也可以根据厂家说明书进行操作设置。

技能操作考核评分细则

考生填写栏	编号：　姓名：　所在岗位：　单位：　日期：　年　月　日						
考评员填写栏	成绩：　考评员：　考评组长：　开始时间：　结束时间：						
考核模块	终端的初始化设置		适用岗位	用电信息采集与监控		考核时限	40min
任务描述	对给定终端，进行初始化参数设置，并查询设置后测量点的各项数据						
工作规范及要求	（1）准确识读给定终端上电后的液晶界面显示，能正确说出各个符号和内容的含义； （2）正确操作终端主菜单和各按键，正确设置终端行政区码和 APN； （3）正确操作终端主菜单和各按键，正确设置主站 IP 地址和端口； （4）对给定终端进行测量点配置，配置参数要与终端下的电能表参数一致； （5）终端初始化设置完成后，通过查询终端联网状态和测量点数据，了解终端设置是否正确						
考核情景准备	（1）给定终端和电能表的相关信息； （2）提供用电信息采集系统智能终端柜，挂有能正常上电运行的终端一只和与之连接的电能表两只； （3）学员自带书写计算用品及工作服装						
备注	各项目得分均扣完为止						

序号	项目名称	质量要求	满分	扣分标准	扣分原因	扣分	得分
1	规范着装	穿棉质工作服，绝缘鞋，戴安全帽	6	（1）未正确着装，一处扣 2 分； （2）着装不规范，一处扣 1 分			
2	终端主界面识读	终端上电后，准确识读液晶显示屏内容的含义，并口头报告	10	（1）漏报、错报显示内容，一处扣 2 分； （2）识读不准确、报告不清楚，一处扣 1 分			
3	设置终端基本参数	操作终端主菜单，正确设置终端行政区码、APN 和波特率等基本参数	20	（1）漏设、错设参数，一个数字扣 4 分； （2）操作不熟练，一次扣 2 分			
4	主站 IP 及端口设置	正确设置主站 IP 地址和端口	20	（1）漏设、错设 IP 地址，一个数字扣 4 分； （2）漏设、错设端口，扣 5 分； （3）操作不熟练，一次扣 2 分			

续表

序号	项目名称	质量要求	满分	扣分标准	扣分原因	扣分	得分
5	测量点配置	对终端下的几只电能表，依次进行测量点配置，正确设置包括测量点号、波特率及端口号、通信规约号、通信地址等参数	24	（1）未配置测量点参数，一处扣4分； （2）测量点参数设置错误，一处扣4分； （3）操作不熟练，一次扣2分			
6	终端联网状态查询	参数设置完成后，重启终端，正确查看终端联网状态，并口头报告	8	（1）未重启终端，扣4分； （2）未在正确的地方查看，一次扣2分； （3）未口头报告或报告错误，一处扣2分； （4）报告不准确或不清楚，一处扣1分			
7	设置当前测量点	正确查看当前测量点的电压、电流、功率、功率因数、电量等数据，并口头报告	12	（1）未正确设置当前测量点，扣4分； （2）未查看或未正确查看数据，一处扣2分； （3）未报告数据或报告错误，一处扣2分； （4）报告不准确或不清楚，一处扣1分			
8	合计		100				

专公变终端及低压集中抄表数据采集任务设置和维护

培训目的

采集任务设置和维护是用电信息采集系统数据采集管理的主要组成部分，包括对终端进行各类采集任务（定时任务、巡测任务、主动上报任务）设置以及执行相关数据采集任务。而数据采集是用电信息采集系统基本功能之一，涉及采集的对象、数据、数据项组合、时间、频率、触发条件等。在采集系统中对数据采集功能的实际设计中，会根据不同业务对采集数据的要求，编制采集任务模板。

本模块主要讲解在用电信息采集系统中对指定终端设置采集任务、对指定任务进行补招、对指定终端或电表进行数据召测以及批量巡测等操作内容。通过对本模块的学习，用电信息采集与监控专业技术人员能够了解现场数据采集管理相关业务知识和工作流程，掌握在用电信息采集系统中进行采集任务设置和维护的方法，熟悉用电信息采集系统数据采集管理模块的相关功能，具备在现场完成采集任务设置和维护的技术能力。

专业知识准备

加快电力用户用电信息采集系统建设，实现公司系统范围内电力用户的“全覆盖、全采集、全费控”的目标，是推进营销计量、抄表、收费模式标准化建设和公司信息化建设的现实需要，是提升计量、计费水平和服务能力的重要手段，是适应全面实行居民阶梯电价的必然选择，是深化“四化”管理、促进各项工作再上新台阶的必然要求。

电力用户用电信息采集系统是“SG186”营销技术支持系统的重要组成部分，从功能上完全覆盖“SG186”营销业务应用中电能信息采集业务中所有相关功能，为“SG186”营销业务应用中的其他业务提供用电信息数据源和用电控制手段，同时还可以提供“SG186”营销业务应用之外的综合应用分析功能，如配变监测管理、负荷和电量统计、计量装置监测、采集设备工况及增值服务等功能，并为其他专业系统提供所需要的基础数据或统计数据。

一、用电信息采集系统功能

用电信息采集系统功能主要包括数据采集、数据管理、定值控制、远方控制、综合应用、运行维护管理、系统接口等。采集系统功能模型具体见表6-1。

表6-1　　采集系统功能模型

序号	项目		备注
1	数据采集	实时和当前数据	必备功能
		历史日数据	必备功能
		历史月数据	必备功能
		事件记录	必备功能

续表

序号	项 目		备 注
2	数据管理	数据合理性检查	必备功能
		数据计算、分析	必备功能
		数据存储管理	必备功能
3	定值控制	功率定值控制	必备功能
		电量定值控制	必备功能
		费率定值控制	必备功能
4	远方控制	遥控	必备功能
		保电	必备功能
		剔除	必备功能
5	综合应用	自动抄表管理	配合其他业务应用系统
		费控管理	配合其他业务应用系统
		有序用电管理	配合其他业务应用系统
		用电情况统计分析	配合其他业务应用系统
		异常用电分析	配合其他业务应用系统
		电能质量数据统计	配合其他业务应用系统
		线损、变损分析	配合其他业务应用系统
		增值服务	配合其他业务应用系统
6	运行维护管理	系统对时	必备功能
		权限和密码管理	必备功能
		采集终端管理	必备功能
		档案管理	配合其他业务应用系统
		通信和路由管理	必备功能
		运行状况管理	必备功能
		维护及故障记录	必备功能
		报表管理	必备功能
		电能表通信参数的自动维护	可选功能
7	系统接口		与其他业务应用系统连接

二、用户采集要求分析

按照用户性质和营销业务需要，电力用户可以划分为大型专变用户（A 类）、中小型专变用户（B 类）、三相一般工商业用户（C 类）、单相一般工商业用户（D 类）、居民用户（E 类）、公用配变考核计量点（F 类）共 6 种需求类型。对于不同的采集对象，需要采集的数据项是不同的。如对于大型专变用户，不仅要采集电能示值，还要采集电压、电流和负荷曲线等数据。不同类型用户的采集要求见表 6－2。

表 6-2 **用户采集要求**

分类	数据采集要求	最小采集频度	现场监控要求
大型专变用户	实时采集功率、电能量数据	15min	可直接对配电开关实现遥控跳闸； 可实现功率定值控制； 可实现预付费控制
	实时采集终端和电能表工况数据	15min	
	每日采集电能量冻结数据	1d	
	统计数据	1d	
	曲线和记录数据	1d	
中小型 专变用户	实时采集负荷、电能量数据	15min	可直接对配电开关实现遥控跳闸； 可实现预付费控制
	实时采集终端和电能表工况数据	15min	
	每日采集电能量冻结数据	1d	
	统计数据	1d	
	曲线和记录数据	1d	
三相一般 工商业用户	实时采集电能量数据	15min	可实现预付费控制
	实时采集终端和电能表工况数据	15min	
	实时采集用电状态信息	15min	
	实时采集用电异常事件信息	15min	
	每日采集电能量冻结数据	1d	
	曲线和记录数据	1d	
单相一般 工商业用户	实时采集电能量数据	15min	可实现预付费控制
	实时采集终端和电能表工况数据	15min	
	实时采集用电状态信息	15min	
	实时采集用电异常事件信息	15min	
	每日采集电能量冻结数据	1d	
	曲线和记录数据	1d	
居民用户	每日采集电能量冻结数据	1d	可实现预付费控制
	曲线和记录数据	1d	
公用配变 考核计量点	实时采集负荷、电能量数据	15min	实现配变运行状态监测； 配变三相不平衡率，过载运行统计； 配变电压考核、无功补偿控制
	实时采集终端和电能表工况数据	15min	
	每日采集电能量冻结数据	1d	
	用电统计数据	1d	
	曲线和记录数据	1d	

系统采集的主要数据类型有：

（1）电能量数据：总正反向电能示值、各费率正反向电能示值、组合有功电能示值、分相电能示值、总电能量、各费率电能量、最大需量等。

（2）交流模拟量：电压、电流、有功功率、无功功率、功率因数等。

（3）工况数据：采集终端及计量设备的工况信息。

（4）电能质量越限统计数据：电压、电流、功率、功率因数、谐波等越限统计数据。

（5）事件记录数据：终端和电能表记录的事件记录数据。

（6）其他数据：费控信息等。

三、采集数据模型

根据 6 种不同类型用户的采集数据要求和控制要求分析，建立用电信息采集数据模型，具体见表 6-3。

表 6-3　　用电信息采集数据模型

序号	数据项	数据标识	用户类别					
			A	B	C	D	E	F
一	实时和当前数据							
1	当前总加有功功率	1 类数据 F17	√	√				
2	当前总加无功功率	1 类数据 F18	√	√				
3	当日总加有功电能量（总、各费率）	1 类数据 F19	√	√	√	√	√	√
4	当日总加无功电能量	1 类数据 F20	√	√				√
5	当月总加有功电能量（总、各费率）	1 类数据 F21	√	√	√	√	√	√
6	当月总加无功电能量	1 类数据 F22	√	√				√
7	终端当前剩余电量（费）	1 类数据 F23	√	√	√	√	√	
8	实时三相总及分相有功功率	1 类数据 F25	√	√	√			√
9	实时三相总及分相无功功率	1 类数据 F25	√	√	√			√
10	实时功率因数	1 类数据 F25	√	√	√			√
11	当月有功最大需量及发生时间	1 类数据 F35	√	√	√			
12	当前电压、电流相位角	1 类数据 F49	√	√				√
13	当前正向有功电能示值（总、各费率）	1 类数据 F33	√	√	√	√	√	√
14	当前正向无功电能示值	1 类数据 F33	√	√	√			√
15	当前反向有功电能示值（总、各费率）	1 类数据 F34	√	√	√			√
16	当前反向无功电能示值	1 类数据 F34	√	√	√			√
17	当前一/四象限无功电能示值	1 类数据 F33	√	√	√			√
18	当前二/三象限无功电能示值	1 类数据 F34	√	√	√			√
19	实时三相电压、电流	1 类数据 F25	√	√	√			√
20	三相断相统计数据及最近一次断相记录	1 类数据 F26	√	√	√			√
21	终端日历时钟	1 类数据 F2	√	√	√	√	√	√
22	终端参数状态	1 类数据 F3	√	√	√	√	√	√
23	终端通信状态	1 类数据 F4	√	√	√	√	√	√
24	终端控制设置状态	1 类数据 F5	√	√	√	√	√	√
25	终端当前控制状态	1 类数据 F6	√	√	√	√	√	√
26	终端事件计数器当前值	1 类数据 F7	√	√	√	√	√	√
27	终端事件标志状态	1 类数据 F8	√	√	√	√	√	√
28	终端状态量及变位标志	1 类数据 F9	√	√	√	√	√	√
29	终端与主站当日/月通信流量	1 类数据 F10	√	√	√	√	√	√
30	终端载波抄表失败标志表	1 类数据 F16			√	√	√	

续表

序号	数据项	数据标识	用户类别					
			A	B	C	D	E	F
31	电能表日历时钟	1类数据F27	√	√	√	√	√	√
32	电表运行状态字及其变位标志	1类数据F28	√	√	√	√	√	√
33	电能表远程控制通断电状态及记录	1类数据F161	√	√	√	√	√	√
34	电能表开关操作次数及时间	1类数据F165	√	√	√	√	√	√
35	电能表参数修改次数及时间	1类数据F166	√	√	√	√	√	√
36	电能表预付费信息	1类数据F167	√	√	√	√	√	√
37	电能表结算信息	1类数据F168	√	√	√	√	√	√
二	历史日数据							
38	日有功最大需量及发生时间	2类数据F3	√	√	√			
39	日总最大有功功率及发生时间	2类数据F25	√	√	√			√
40	日正向有功电能量（总、各费率）	2类数据F5	√	√	√	√	√	√
41	日正向无功总电能量	2类数据F6	√	√	√			√
42	日反向有功电能量（总、各费率）	2类数据F7	√	√	√			√
43	日反向无功总电能量	2类数据F8	√	√	√			√
44	日正向有功电能示值（总、各费率）	2类数据F1	√	√	√	√	√	√
45	日正向无功电能示值	2类数据F1	√	√	√			√
46	日反向有功电能示值（总、各费率）	2类数据F2	√	√	√			√
47	日反向无功电能示值	2类数据F2	√	√	√			√
48	日一/四象限无功电能示值	2类数据F1	√	√	√			√
49	日二/三象限无功电能示值	2类数据F2	√	√	√			√
50	电容器投入累计时间和次数	2类数据F41						√
51	日、月电容器累计补偿的无功电能量	2类数据F42						√
52	日功率因数区段累计时间	2类数据F43						√
53	终端日供电时间、日复位累计次数	2类数据F49	√	√	√	√	√	√
54	终端日控制统计数据	2类数据F50	√	√	√	√	√	√
55	终端与主站日通信流量	2类数据F53	√	√	√	√	√	√
56	抄表日有功最大需量及发生时间	2类数据F11	√	√	√			√
57	抄表日正向有功电能示值（总、各费率）	2类数据F9	√	√	√	√	√	√
58	抄表日正向无功电能示值	2类数据F9	√	√	√			√
59	总加组有功功率曲线	2类数据F73	√	√				√
60	总加组无功功率曲线	2类数据F74	√	√				√
61	总加组有功电能量曲线	2类数据F75	√	√				√
62	总加组无功电能量曲线	2类数据F76	√	√				√
63	有功功率曲线	2类数据F81	√	√	√			√
64	无功功率曲线	2类数据F85	√	√	√			√

续表

序号	数 据 项	数据标识	用户类别					
			A	B	C	D	E	F
65	总功率因数曲线	2类数据 F105	√	√	√			√
66	电压曲线	2类数据 F89～91	√	√	√			√
67	电流曲线	2类数据 F92～94	√	√	√			√
68	正向有功总电能量曲线	2类数据 F97	√	√	√	√	√	√
69	正向无功总电能量曲线	2类数据 F98	√	√	√			√
70	反向有功总电能量曲线	2类数据 F99	√	√	√			√
71	反向无功总电能量曲线	2类数据 F100	√	√	√			√
72	正向有功总电能示值曲线	2类数据 F101	√	√	√	√	√	√
73	正向无功总电能示值曲线	2类数据 F102	√	√	√			√
74	反向有功总电能示值曲线	2类数据 F103	√	√	√			√
75	反向无功总电能示值曲线	2类数据 F104	√	√	√			√
三	历史月数据							
76	月有功最大需量及发生时间	2类数据 F19	√	√	√			
77	月总最大有功功率及发生时间	2类数据 F33	√	√	√			√
78	月正向有功电能量（总、各费率）	2类数据 F21	√	√	√	√	√	√
79	月正向无功总电能量	2类数据 F22	√	√	√			√
80	月反向有功电能量（总、各费率）	2类数据 F23	√	√	√			√
81	月反向无功总电能量	2类数据 F24	√	√	√			√
82	月正向有功电能示值（总、各费率）	2类数据 F17	√	√	√	√	√	√
83	月正向无功电能示值	2类数据 F17	√	√	√			√
84	月反向有功电能示值（总、各费率）	2类数据 F18	√	√	√			√
85	月反向无功电能示值	2类数据 F18	√	√	√			√
86	月一/四象限无功电能示值	2类数据 F17	√	√	√			√
87	月二/三象限无功电能示值	2类数据 F18	√	√	√			√
88	月电压越限统计数据	2类数据 F35	√	√	√			√
89	月不平衡度越限累计时间	2类数据 F36	√	√				√
90	月电流越限统计数据	2类数据 F37	√	√	√			√
91	月功率因数区段累计时间	2类数据 F44	√	√				√
92	终端月供电时间、月复位累计次数	2类数据 F51	√	√	√	√	√	√
93	终端月控制统计数据	2类数据 F52	√	√	√	√	√	√
94	终端与主站月通信流量	2类数据 F54	√	√	√	√	√	√
四	事件记录							
95	数据初始化和版本变更记录	ERC1	√	√	√	√	√	√
96	参数丢失记录	ERC2	√	√	√	√	√	√
97	参数变更记录	ERC3	√	√	√	√	√	√

续表

序号	数 据 项	数据标识	用户类别					
			A	B	C	D	E	F
98	状态量变位记录	ERC4	√	√	√	√	√	√
99	遥控跳闸记录	ERC5	√	√	√	√	√	
100	功控跳闸记录	ERC6	√	√				
101	电控跳闸记录	ERC7	√	√	√	√	√	
102	电能表参数变更	ERC8	√	√	√	√	√	√
103	电流回路异常	ERC9	√	√	√			√
104	电压回路异常	ERC10	√	√	√			√
105	相序异常	ERC11	√	√	√			√
106	电能表时间超差	ERC12	√	√	√	√	√	√
107	电能表故障信息	ERC13	√	√	√	√	√	√
108	终端停/上电事件	ERC14	√	√	√	√	√	√
109	电压/电流不平衡越限	ERC17	√	√				√
110	电容器投切自锁	ERC18						√
111	购电参数设置记录	ERC19	√	√	√	√	√	
112	消息认证错误记录	ERC20	√	√	√	√	√	√
113	终端故障记录	ERC21	√	√	√	√	√	√
114	有功总电能量差动越限事件记录	ERC22	√	√	√			
115	电压越限记录	ERC24	√	√	√			√
116	电流越限记录	ERC25	√	√	√			√
117	视在功率越限记录	ERC26	√	√	√			√
118	电能表示度下降	ERC27	√	√	√			√
119	电能量超差	ERC28	√	√	√			√
120	电能表飞走	ERC29	√	√	√			√
121	电能表停走	ERC30	√	√	√			√
122	485 抄表失败	ERC31	√	√	√	√	√	√
123	终端与主站通信流量超门限	ERC32	√	√	√	√	√	√
124	电能表运行状态字变位	ERC33	√	√	√	√	√	√
125	TA 异常事件记录	ERC34	√	√	√	√	√	√
126	发现未知电表事件记录	ERC35	√	√	√	√	√	√
127	控制输出回路开关接入状态量变位记录	ERC36	√	√				

续表

序号	数 据 项	数据标识	用户类别					
			A	B	C	D	E	F
128	电能表开表盖事件记录	ERC37	√	√	√	√	√	√
129	电能表开端钮盒事件记录	ERC38	√	√	√	√	√	√
130	补抄失败事件记录	ERC39	√	√	√	√	√	√
131	磁场异常事件记录	ERC40	√	√	√	√	√	√
132	对时事件记录	ERC41	√	√	√	√	√	√

注 1. 数据项：对于不同需求类型，系统所应采集的数据；
2. 数据标识：参照 DL/T 698.41，每个数据项所对应的信息类标识和事件记录代码；
3. 事件记录数据：终端可根据主站设置的事件属性按照重要事件和一般事件分类记录，当有事件发生时，终端应能立即产生事件记录数据，对于支持主动上报功能的终端应在 1min 内向主站发送事件记录。

四、数据采集管理流程

数据采集是用电信息采集系统基本功能之一。数据采集管理功能提供各种自动采集任务的配置与管理，实现对现场各类终端的负荷数据、电能量数据、需量数据、电流数据、电压数据、电能示值数据（包括曲线、日冻结、月冻结）、现场事件工况的采集，并采用业务规则库的方式，对数据进行灵活的校验检查机制。数据采集管理流程如图 6-1 所示。

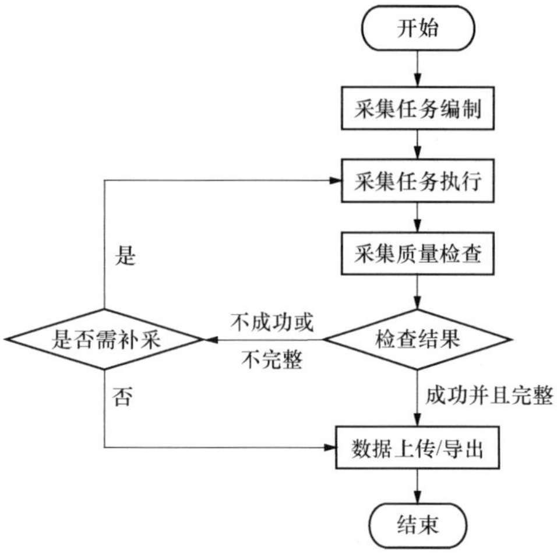

图 6-1 数据采集管理流程图

1. 采集任务编制

采集任务编制功能提供对采集任务的采集方式、采集内容、采集周期、采集对象及采集密度等参数的编制。系统支持通过接口方式接收营销抄表管理、市场管理、用电检查管理、电费管理、有序用电管理、营销分析与决策等业务下达的采集任务，也支持在系统中自定义采集任务。

对不同类型的终端，可以按照采集需求设置不同的采集方式，主要的采集方式如下。

（1）定时自动采集：按照采集任务设定的时间间隔自动采集终端数据，包括每日定时采集和每段时间的巡测采集，自动采集的时间、间隔、内容、对象可设置。当定时自动采集失败时，主站应有自动或人工补采功能，保证数据的完整性。

（2）随机召测：根据实际需要随时人工召测数据。例如出现事件告警时，人工召测与事件相关的重要数据，供事件分析使用。

（3）主动上报：在全双工通道和数据交换网络通道的数据传输中，允许终端启动数据传输过程（简称为主动上报），将重要事件立即上报主站，以及按定时发送任务设置将数据定时上报主站。主站应支持主动上报数据的采集和处理。

2. 采集任务执行

系统根据编制好的自动任务，向前置采集服务器下发采集指令，自动执行数据采集，获取终端或量测设备的数据。采集任务的执行应包括任务执行及控制和失败补采。

采集任务执行及控制：采集任务执行过程中，系统应提供对采集任务进展的监控功能，能够查询采集任务启动时间、已经执行的时间、估计剩余时间等状态，并且提供采集任务中断的控制手段，立即终止采集任务的执行。

采集失败补采：系统对采集失败的任务具有记录和查询功能，根据任务配置情况启动自动补采任务，同时提供人工补采功能，可以中止或启动补采过程。

3. 采集质量检查

系统提供对采集任务执行质量的检查功能，能够统计数据采集成功率、采集完整率等指标数据，对于具有采集故障的采集点应能够触发故障处理流程。

采集质量统计：按采集任务类型、采集点类型、应采集数据项分类等角度统计采集成功率、采集完整率等质量指标。

采集故障消缺：对采集失败的任务，通过事件管理功能启动故障处理。

4. 数据上传/导出

如果采集数据成功并且完整，就可以根据抄表管理、市场管理、用电检查管理、有序用电管理、营销分析与辅助决策等业务对采集数据项的不同要求，对采集数据进行分类存储和数据共享。各项业务的采集数据要求如下。

（1）抄表管理：抄表数据。

（2）用电检查管理：电量数据、负荷数据。

（3）有序用电管理：负荷数据、电量数据、控制结果信息。

（4）市场管理：负荷数据。

（5）营销分析与辅助决策应用：负荷数据、电量数据。

（6）实时数据发布：保存数据，并触发相应流程。

（7）发布用电异常及计量异常，触发营销业务系统中专项检查业务流程。

（8）发布电量数据，并通知营销业务系统中预购电管理。

（9）定制数据发布：按照定制要求发送数据。

现场技能操作实训指导

一、工作任务描述

1. 任务名称

专公变终端及低压集中抄表数据采集任务设置和维护。

2. 适用对象

电能（用能）信息采集与监控技术人员。

3. 具体任务

根据给定要求，操作电力用户用电信息采集系统软件，为给定终端（专公变终端或低压集中抄表终端）设置采集任务包括定时任务、巡测任务、主动上报任务，并完成任务补招、数据召测、批量巡测等操作。

4. 工作规范及要求

（1）熟练操作电力用户用电信息采集系统软件，正确设置指定终端的采集任务。

（2）对失败任务进行补招。

（3）对用户完成随机数据召测。

（4）对多个终端进行批量巡测。

5. 时间要求

本实训模块操作时间为 30min，时间结束立即终止任务。

二、现场实操作业步骤

（一）采集任务编制

采集任务编制可以根据用户的需要制定相应的数据采集任务，并且将制定的任务下发到各个终端，启用或停用该任务。本实训模块要求学员设置定时任务、巡测任务和主动上报任务。

1. 设置定时任务

（1）进入配置界面。打开网址，进入电力用户用电信息采集系统登录界面，如图 6-2 所示。输入用户名和密码，进入系统主页，如图 6-3 所示，右上角是系统 6 大功能模块：基本应用、高级应用、运行管理、有序用电、统计查询、系统管理。单击“基本应用”，在左上角二级菜单中依次选择“数据采集管理”→“采集任务编制”→“定时任务”，进入定时任务配置界面，如图 6-4 所示。在“任务列表”中选中一条任务，子任务列表中会显示该任务下所有的子任务；选中一条子任务，在数据单元列表中会显示该子任务包含的所有数据单元。

图 6-2 电力用户用电信息采集系统登录界面

（2）添加任务。所有的采集任务按客户类型（6 类客户）进行划分，每个客户类型默认初始化一个总的采集任务，此采集任务不能删除，但可以修改其参数。如果某种客户类型的采集任务有单独的需求，则可以按客户类型设置自定义信息的采集任务。单击“添加任务”按钮，弹出定时采集任务设置对话框，如图 6-5 所示，填写任务名称和用户类型，单击“确定”按钮，完成任务设置。

图 6-3　电力用户用电信息采集系统主页

图 6-4　定时任务配置界面

(3) 添加子任务。在每种客户类型的总的采集任务下按电能表、终端、总加组[1]三类对象再进行分类。可以为三种类型的对象分别设置子采集任务。所有任务的属性都按对象设置在子任务上。单击“添加子任务”按钮，弹出子任务设置对话框，如图 6-6 所示。按实训给定要求填写相关内容。其中，数据类型对应采集规约中的 1、2 类数

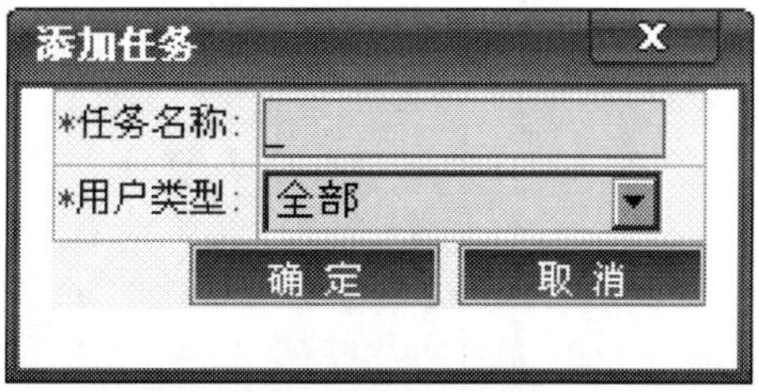

图 6-5　定时任务添加对话框

[1] 总加组 (group total)：相关的各测量点的某一同类电气量值按设置的加或减运算关系计算得到的数值。

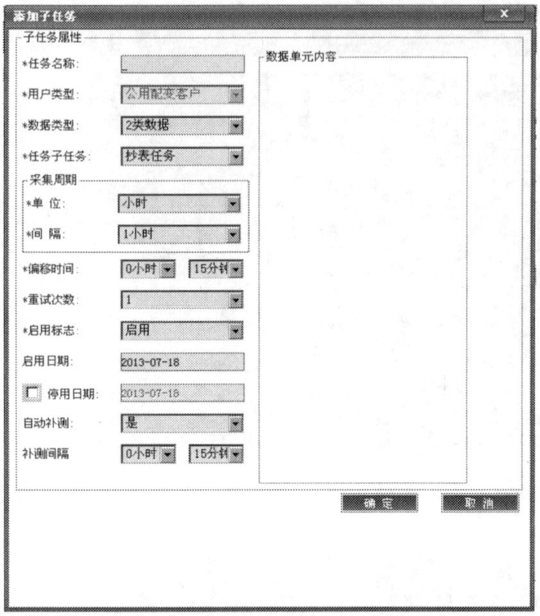

图 6-6 定时任务子任务设置对话框

据，实时数据为1类，冻结数据为2类；任务子任务分为抄表任务、曲线任务等；采集周期根据需要进行设置，周期包括日、月、时段等；数据单元内容采用列表的方式显示该任务需要采集的所有数据内容，分为日数据与月数据，每种数据下又分多种数据类型，各种数据的配置关系在数据库中给出；启用标志包括启用、停用标志，置成停用标志以后，该任务将不再执行。

（4）添加对象。在图6-4界面下单击“添加对象”按钮，可以将配置终端/电能表/总加组加入定时任务，如图6-7所示。单击对话框中供电单位显示框右边的按钮，在弹出的对话框中选择相应的供电公司，确定后单击“查询”按钮，左边就会显示其所属范围内的终端对象，选中一个对象或多个对象，确定后该对象即可加入之前设定的定时任务。

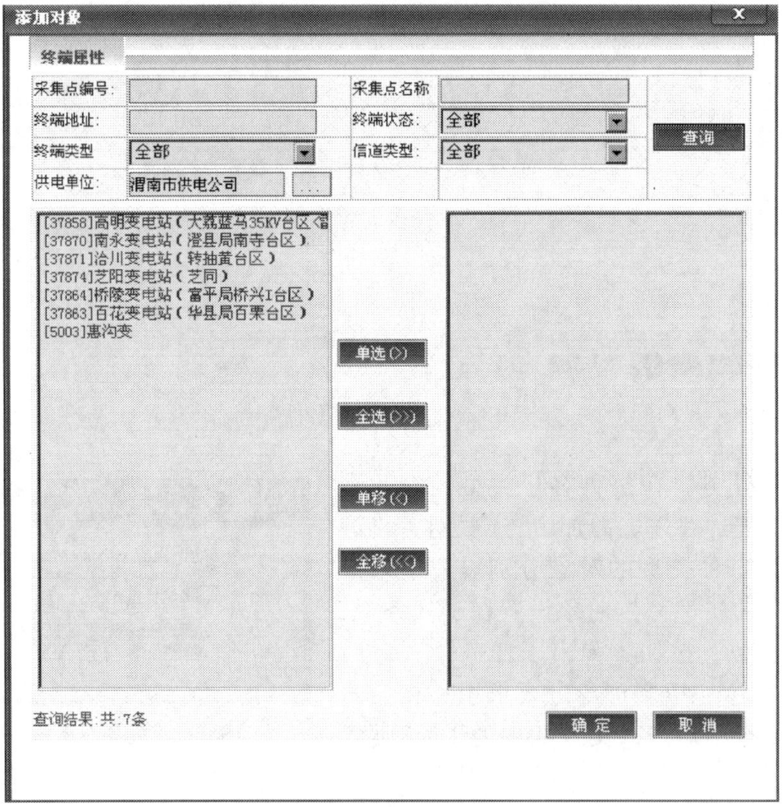

图 6-7 添加对象对话框

2. 设置巡测任务

自动巡测主要是指根据巡测任务的设置，周期性的对选择的终端的数据以及现场的事件信息进行采集。

（1）进入配置界面。在主页（见图 6-3）单击“基本应用”项，依次选择“数据采集管理”→“采集任务编制”→“巡测任务”，进入巡测任务配置界面，如图 6-8 所示。采集任务分类与定时任务类似，此处不再赘述。

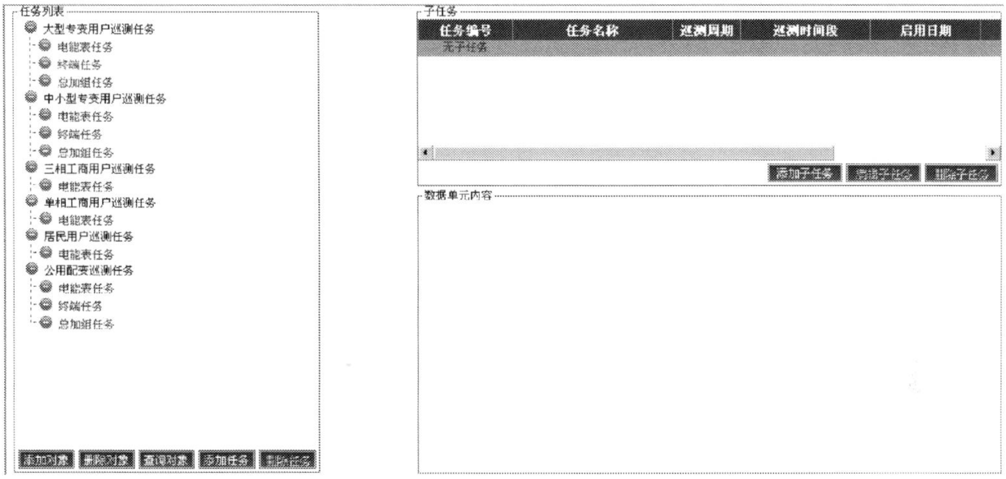

图 6-8　巡测任务配置界面

（2）添加任务。参考定时任务里添加任务部分。

（3）添加子任务。参考定时任务里添加子任务部分，界面如图 6-9 所示。

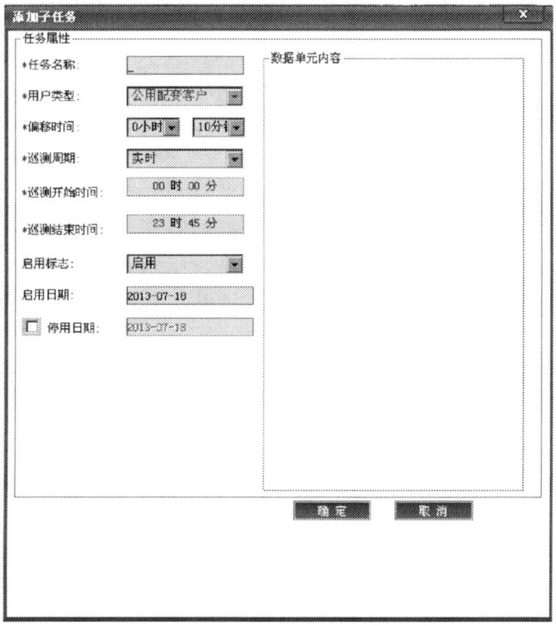

图 6-9　巡测任务添加子任务界面

（4）添加对象。参考定时任务里添加对象方法，界面同图 6-7。

3. 设置主动上报任务

操作步骤同定时任务和巡测任务，配置界面如图 6－10 所示，添加子任务界面如图 6－11 所示。

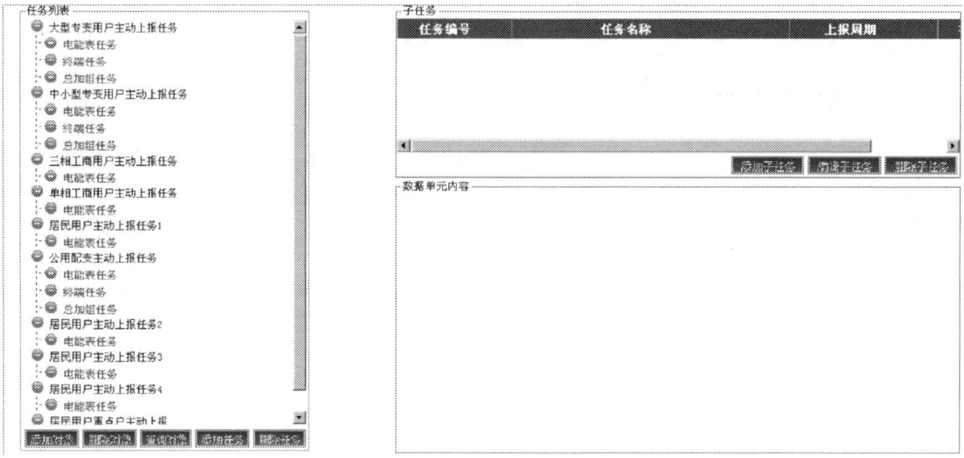

图 6－10 主动上报任务配置界面

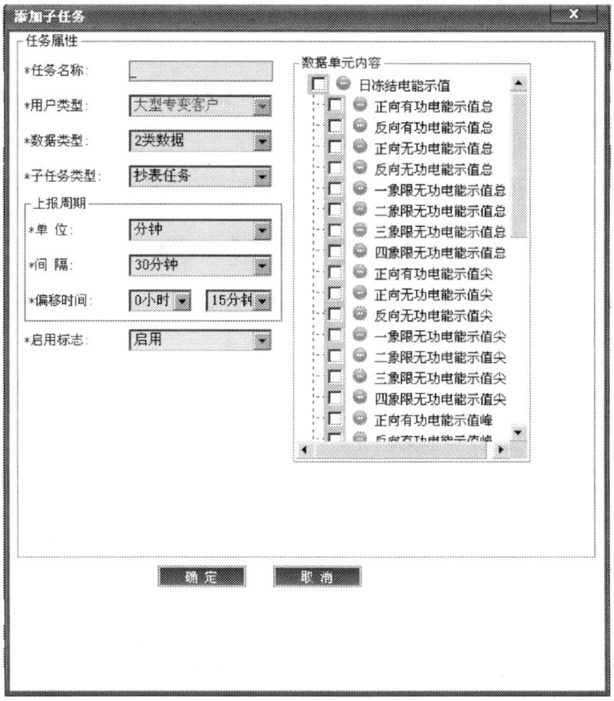

图 6－11 主动上报任务添加子任务对话框

(二) 任务补招

当终端主动上报或者主站主动召测因网络或者其他原因出现主站所获得数据不全时，可对采集失败的任务进行任务补召。

在主页单击“基本应用”项，依次选择“数据采集管理”→“采集质量检查”→“任务补召”，进入任务补召界面，如图 6－12 所示。失败任务列表显示前一天采集失败的所有任务。

图 6－12　任务补召界面

在失败任务列表中，选中一条或多条记录，单击“失败任务补召”按钮，系统会对失败任务中采集失败的终端或电能表进行补召，补测结果在下面的补召结果中显示。

（三）数据召测

1. 随机采集

用于完成批量采集点或采集设备的各类事件、数据的手动巡测。

（1）进入召测界面。在主页单击“基本应用”项，依次选择“数据采集管理”→“数据召测”→“随机采集”，进入随机采集界面，如图 6－13 所示。

图 6－13　随机采集界面

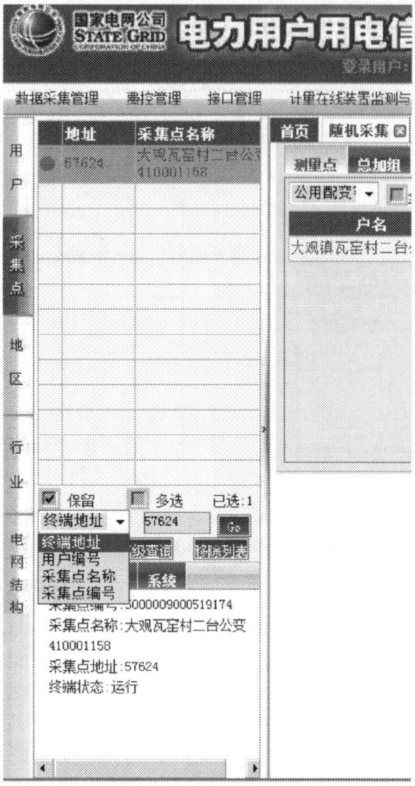

图 6-14 终端快速查询界面

（2）查询终端。快速查询：如图 6-14 所示，查询条件包括终端地址、用户编号、采集点名称、采集点编号；假如选择终端地址，输入查询条件 57624，单击 Go 按钮，查询结果会在左侧终端列表中显示。

高级查询：单击“高级查询”按钮，弹出终端选择对话框，如图 6-15 所示；可按采集点编号、采集点名称、终端地址、终端状态、终端类型、信道类型、供电单位等 7 种终端属性进行联合查询。输入相应的条件，单击“查询”按钮，将需要选择的终端利用“单选”“全选”“单移”“全移”按钮进行选择。

（3）执行采集。终端采集：可以选择单个终端进行采集，也可选择多个终端进行批量采集；选择多个终端时，先选中终端列表下方的“多选”，再在终端列表中选择终端。

在右侧“终端状态数据”“终端事项”“曲线数据”“冻结和统计数据”列表中，选择要查询的参数，单击“采集”按钮，相关信息会在下方显示。图 6-16 所示是终端 57264 日历时钟采集结果。

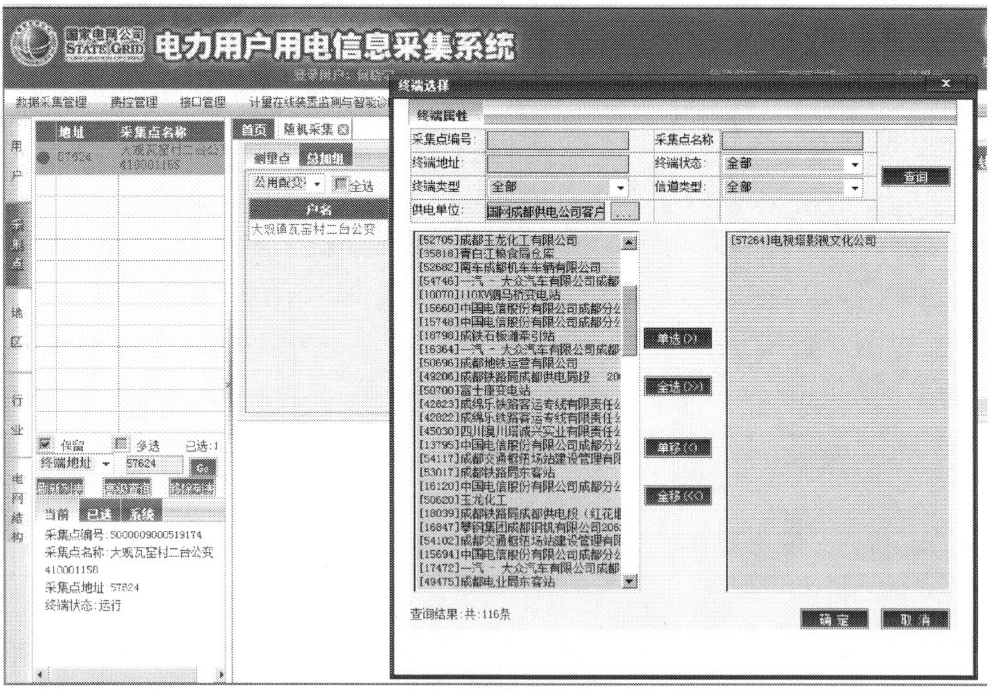

图 6-15 高级查询终端选择对话框

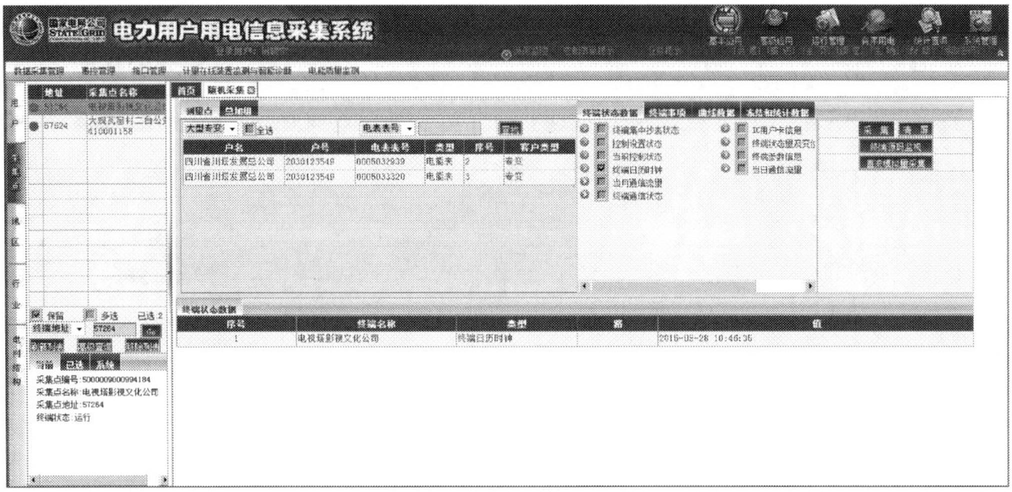

图 6－16　随机采集终端数据

电表采集：可以选择单个电表进行采集，也可选择多个电表进行批量采集；选中某个终端下的单个或多个电表，在右侧“当前数据”“曲线数据”“冻结和统计数据”列表中，选择要查询的参数，单击“采集”按钮，相关信息会在下方显示。图 6－17 所示是终端 57264 下 2 号电能表的当前电能示值采集结果。

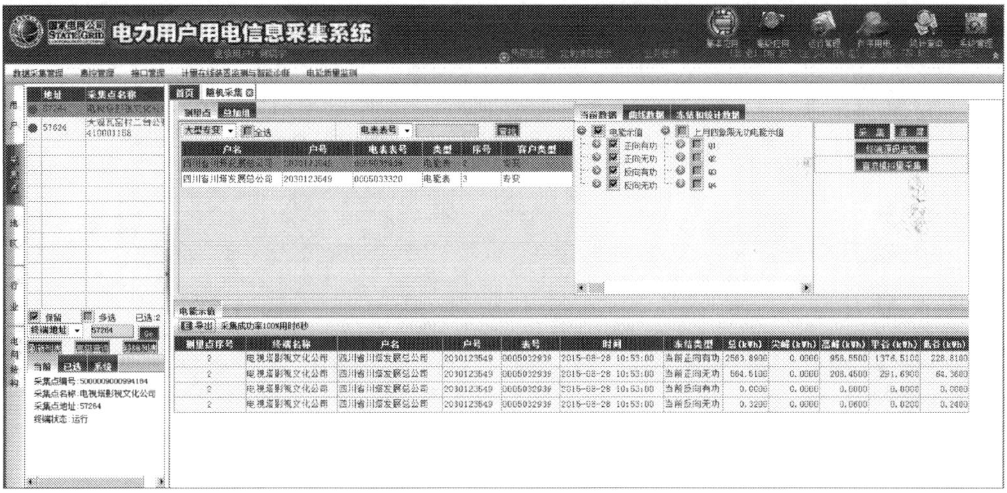

图 6－17　随机采集电表数据

2. 穿透抄表

用于实现对电表实时数据的采集。

（1）进入召测界面。在主页单击“基本应用”，依次选择“数据采集管理”→“数据召测”→“穿透抄表”，进入穿透抄表界面，如图 6－18 所示。

（2）查询终端。同随机采集一样，可以通过快速查询和高级查询方式查找终端。假如通过终端地址快速查询到 57264 终端，如图 6－19 所示，选中终端，右边会显示该终端下的电能表信息。

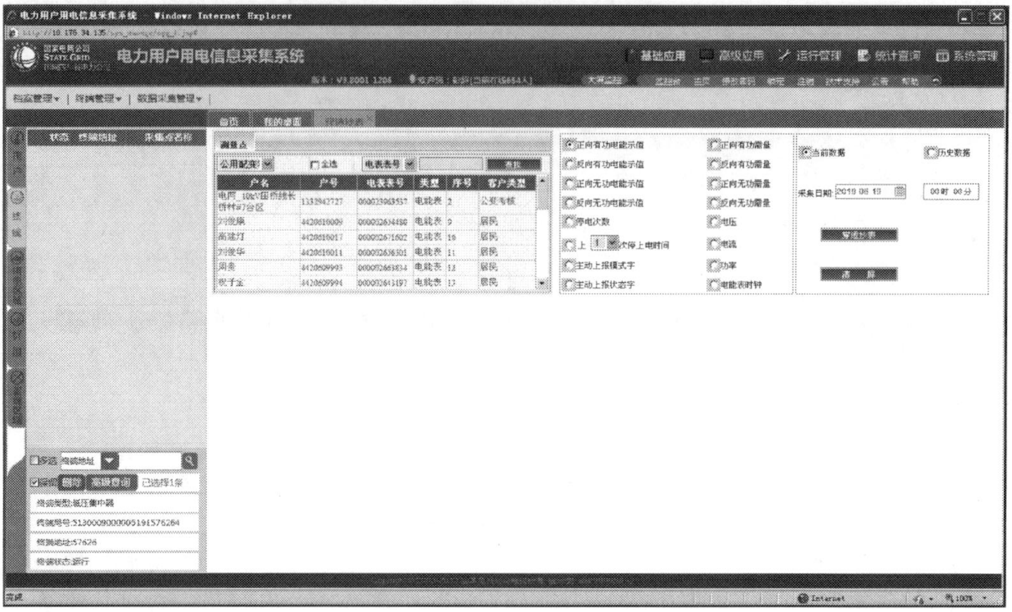

图 6-18 穿透抄表界面

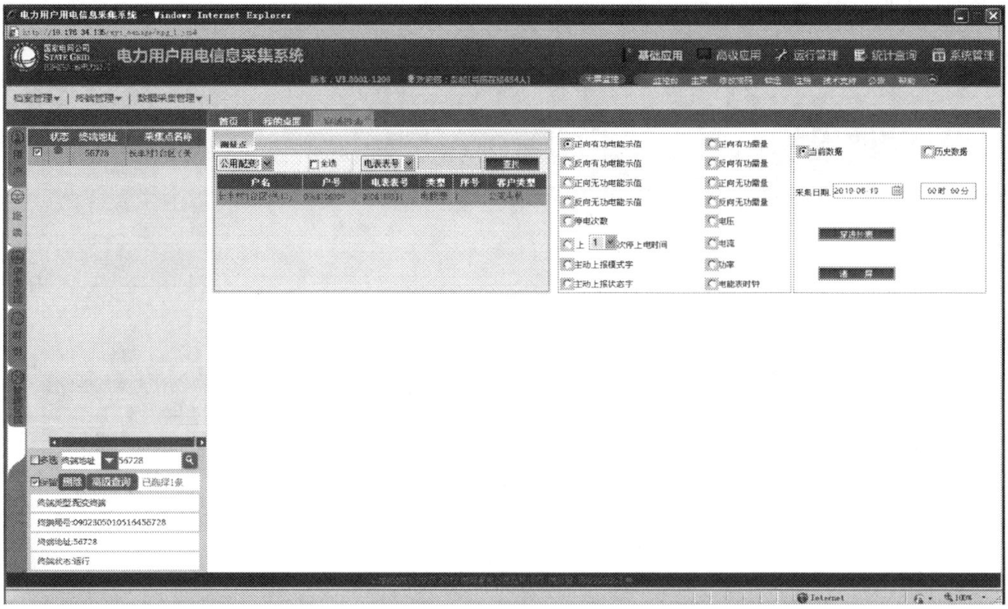

图 6-19 查询终端界面

（3）采集电表数据。选中单个或多个电表，在右侧两列可选数据中选择需要采集的数据，单击“穿透抄表”按钮，即可完成采集，如图 6-20 所示。

（四）批量巡测

在批量巡测中，通过后台每天按照生成的巡测任务模板自动执行巡测任务，然后可以查看巡测结果，和批量统计巡测结果。

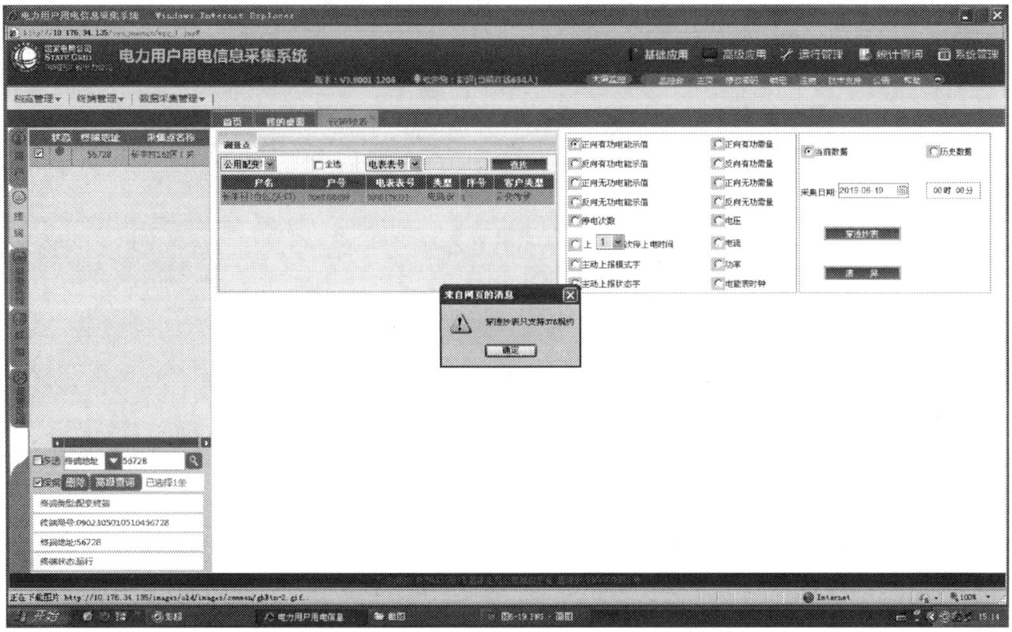

图 6 - 20　穿透抄表

1. 进入巡测界面

在主页单击“基本应用”按钮，依次选择“数据采集管理”→“批量巡测”，进入批量巡测界面，如图 6 - 21 所示。

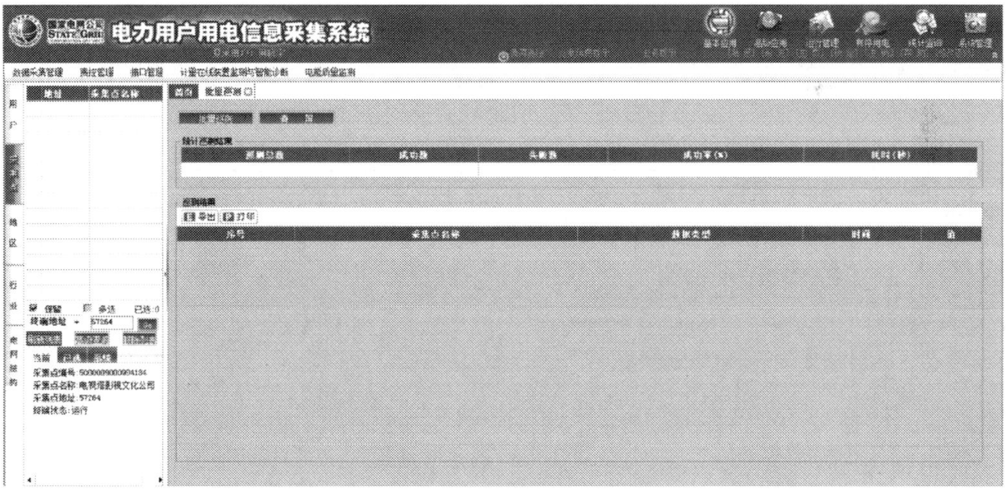

图 6 - 21　批量巡测界面

2. 查询终端

与数据召测中终端查询方式相同，此处不再赘述。

3. 执行批量巡测

可以选择单个终端进行巡测，也可选择多个终端进行批量巡测；选择多个终端时，先选中终端列表下方的“多选”，再在终端列表中选择终端。选中终端后，单击“批量巡测”按钮，查询结果会在巡测结果列表中显示，同时统计巡测结果也有显示，如图 6 - 22 所示。

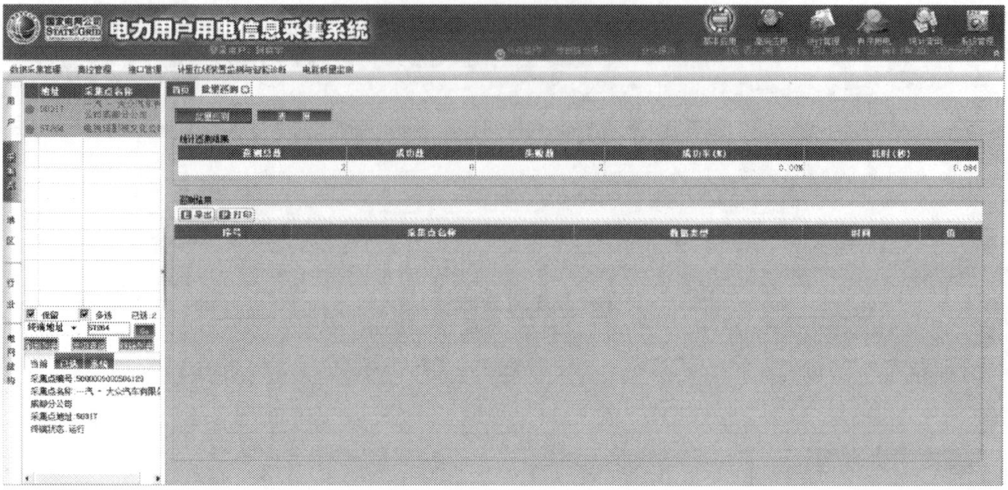

图 6-22 批量巡测统计结果

三、培训总结提炼

本模块重点介绍了在电力用户用电信息采集系统中如何对指定终端设置采集任务、对指定任务进行补召、对指定终端或电表进行数据召测以及批量巡测等操作内容。

技能操作考核评分细则

<table>
<tr><td colspan="8">编号：　　姓名：　　岗位：　　单位：</td></tr>
<tr><td colspan="8">成绩：　　考评员：　　考评组长：　　日期：</td></tr>
<tr><td colspan="2">技能操作模块名称</td><td>专公变终端及低压集中抄表数据采集任务设置和维护</td><td>适用岗位</td><td>电能（用能）信息采集与监控人员</td><td>考核时限</td><td colspan="2">30min</td></tr>
<tr><td colspan="2" rowspan="4">需要说明的问题和要求</td><td colspan="6">（1）学员一人独立检查、操作，考评员监护</td></tr>
<tr><td colspan="6">（2）由考评人员预先指定终端，包括专变用户终端 2 台、公变用户终端 1 台</td></tr>
<tr><td colspan="6">（3）按照考评员要求，对指定终端按考评员要求设置采集任务、并进行任务补召、数据召测、批量巡测等</td></tr>
<tr><td colspan="6">（4）各项目得分扣完为止</td></tr>
<tr><td colspan="2" rowspan="2">工具、材料、设备、场地</td><td colspan="6">（1）电力用户用电信息采集系统软件</td></tr>
<tr><td colspan="6">（2）学员自备记录本或钢笔</td></tr>
<tr><td>序号</td><td>项目名称</td><td>质量要求</td><td>满分</td><td>扣分标准</td><td>扣分原因</td><td>扣分</td><td>得分</td></tr>
<tr><td>1</td><td>采集任务设置</td><td></td><td>36</td><td></td><td></td><td></td><td></td></tr>
<tr><td>1.1</td><td>定时任务设置</td><td>正确给指定终端设置定时任务</td><td>12</td><td>（1）任务设置错误或遗漏，1 处扣 2 分；
（2）对象添加错误或遗漏，1 处扣 2 分</td><td></td><td></td><td></td></tr>
<tr><td>1.2</td><td>巡测任务设置</td><td>正确为指定终端设置巡测任务</td><td>12</td><td>（1）任务设置错误或遗漏，1 处扣 2 分；
（2）对象添加错误或遗漏，1 处扣 2 分</td><td></td><td></td><td></td></tr>
</table>

续表

序号	项目名称	质量要求	满分	扣分标准	扣分原因	扣分	得分
1.3	主动上报任务设置	正确为指定终端设置主动上报任务	12	（1）任务设置错误或遗漏，1处扣2分； （2）对象添加错误或遗漏，1处扣2分			
2	任务补招	对指定的失败任务项目进行补招，并记录结果	14	（1）未补招或补招错误，1处扣2分； （2）未记录补招结果或记录错误，1处扣2分； （3）记录结果不完整或不准确，1处扣1分			
3	数据召测		40				
3.1	随机采集	对指定终端召测指定数据项，并记录	30	（1）未召测、未记录或记录错误，1项扣3分； （2）记录不完整或不规范，1处扣1分			
3.2	穿透抄表	对指定电表召测指定数据项，并记录	10	（1）未召测、未记录或记录错误，1项扣3分； （2）记录不完整或不规范，1处扣1分			
4	批量巡测	对指定终端，完成指定项目的巡测，并记录相关数据	10	（1）巡测不成功、未记录或记录错误，1项扣4分； （2）记录不完整或不规范，1处扣1分			
5	合计		100				

主站采集数据的监测

培训目的

对用电信息采集系统主站采集数据的监测是用电信息采集与监控专业技术人员每天的日常工作。主站监测关系到对主站日常运行及采集数据的情况的实时监控，主站的日常监测是为了确保用电信息采集系统数据采集及其他功能运行正常。

通过对本模块的学习，用电信息采集与监控专业技术人员能够熟练掌握用电信息采集系统主站采集数据监测的基本方法，具备独立完成日常监测采集数据的任务能力。

专业知识准备

一、主站系统的构成

主站系统是指通过远程对现场终端中的信息采集，并进行处理和管理的软硬件系统的总称。主要负责对现场终端中的各种信息进行抄读，并把收到的数据进行处理，配合相应的软件实现业务处理。从系统的物理架构图（见图 7-1）可以看出，主站网络的物理结构主要由营销系统服务器（包括数据库服务器、磁盘阵列、应用服务器）、前置采集服务器（包括前置服务器、工作站、GPS 时钟、防火墙设备）以及相关的网络设备组成。

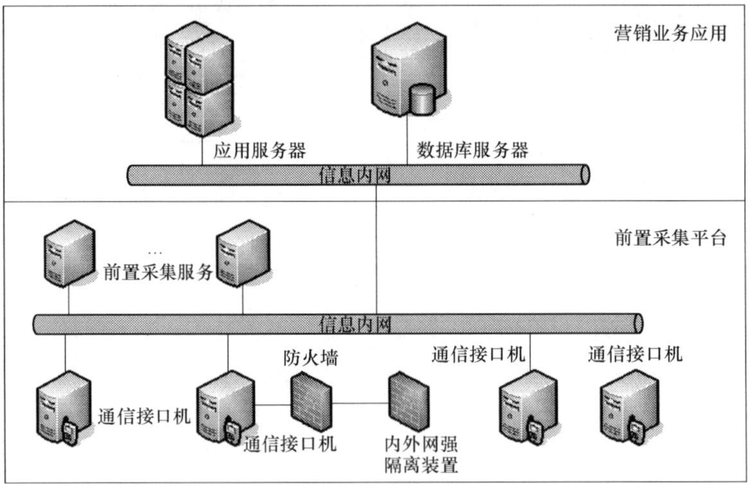

图 7-1　用电信息采集系统主站物理结构架构图

1. 数据库服务器

数据库服务器承担着系统数据的集中处理、存储和读取的任务，是数据汇集、处理的中心。

2. 应用服务器

应用服务器主要运行后台服务程序，进行系统数据的统计、分析、处理并提供应用服务。

3. 前置服务器

前置服务器是主站系统与现场采集终端通信的唯一接口，所有与现场采集终端的通信都由前置服务器负责，所以对服务器的实时性、安全性、稳定性等方面的要求较高。根据终端数量，结合现场管理的业务特点，对前置机配置数量、性能要求、安全防护措施等方面要求如下。

（1）前置服务器应具有分组功能，以支持大规模系统的集中采集。

（2）每组前置机采用双机，以主辅热备活用负载均衡的方式运行，当其中一台服务器出现故障时，另一台服务器自动接管故障服务器所有的通信任务，从而保证系统的正常运行。

（3）每组前置服务器可接入系统所有类型的信道，对于采用串行方式（230MHz 无线专网等）的通信信道，可以采用终端服务器等多串口设备来扩展前置服务器的串口数量，以便同时接入多串口信道；对于采用公网的通信信道，可以增加防火墙和认证服务器来提高接入的安全性；对于自建的光线专网信道，可直接接入前置服务器。

（4）每组前置服务器设计容量可接入的终端总数不小于 30000 台。

4. 接口服务器

接口服务器主要运行接口程序，负责与其他系统的接口服务，需要满足系统的安全性、可靠性、稳定性等要求。

5. 工作站

工作站用来进行系统业务上的操作。

6. 防火墙

防火墙用来实现对来自公网数据的过滤，防止非法访问和网络攻击。

用电信息采集系统主要功能包括系统数据采集、数据管理、控制、综合应用、运行维护管理、系统接口等。

二、主站数据采集功能

主站数据采集根据不同业务对采集数据的要求，编制自动采集任务，包括任务名称、任务类型、采集群组、采集数据项、任务执行起止时间、采集周期、执行优先级、正常补采次数等信息，并管理各种采集任务的执行，检查任务执行情况。

1. 采集数据类型

系统采集的主要数据包括电能量数据、交流模拟量、工况数据、电能质量越限统计数据、事件记录数据、其他数据等。

（1）电能量数据：总电能示值、各费率电能示值、总电能量、各费率电能量、最大需量等。

（2）交流模拟量：电压、电流、有功功率、无功功率、功率因数等。

（3）工况数据：采集终端及计量设备的工况信息。

（4）电能质量越限统计数据：电压、电流、有功功率、无功功率、功率因数、谐波等越限统计数据。

（5）事件记录数据：终端和电能表记录的事件记录数据。

（6）其他数据：费控信息等。

2. 采集方式

系统主要采集方式包括定时自动采集、随机召测、终端主动上报等。

（1）定时自动采集：按采集任务设定的时间间隔自动采集终端数据，自动采集时间、间隔、内容、对象可设置。当定时自动数据采集失败时，主站应有自动及人工补采功能，以保证数据的完整性。

（2）随机召测：根据实际需要随时人工召测数据。如出现事件告警时，随即召测与事件相关的重要数据，供事件分析使用。

（3）终端主动上报：在全双工通道和数据交换网络通道的数据传输中，允许终端启动数据传输过程（简称为主动上报），将重要事件立即上报主站，以及按定时发送任务设置将数据定时上报主站。主站应支持主动上报数据的采集和处理。

3. 采集数据模型

通过需求分析，按照电力用户性质和营销业务需要，电力用户可划分为6种类型，包括大型专变用户（A类）、中小型专变用户（B类）、三相一般工商业用户（C类）、单相一般工商业用户（D类）、居民用户（E类）、公用配变考核计量点（F类）。

针对不同的用户类型，系统建议的必采数据如下。

（1）大型专变用户的必采数据：日冻结正向有功/无功电能示值（总、各费率）；日反向无功电能示值；日冻结一/四象限无功电能示值；抄表日冻结正向有功/无功电能示值（总、各费率）；A、B、C三相电压曲线；A、B、C三相电流曲线；正/反向有功/无功总电能示值曲线；总加组有功/无功功率曲线；月有功最大需量及发生时间；月电压越限统计数据；月不平衡度越限统计数据；月不平衡度越限累计时间。

（2）中小型专变用户的必采数据与大型专变用户的必采数据相同，不再赘述。

（3）三相一般工商业用户必采数据：日冻结正向有功/无功电能示值（总、各费率）；日反向无功电能示值；日冻结一/四象限无功电能示值；抄表日冻结正向有功/无功电能示值（总、各费率）；A、B、C三相电压曲线；A、B、C三相电流曲线；正/反向有功/无功总电能示值曲线；月有功最大需量及发生时间；月电压越限统计数据。

（4）单相一般工商业用户必采数据：日冻结正向有功电能示值（总、各费率）；抄表日冻结正向有功电能示值（总、各费率）；正向有功总电能示值。

（5）居民用户必采数据：日冻结正向有功电能示值（总、各费率）；抄表日冻结正向有功电能示值（总、各费率）；正向有功总电能示值。

（6）公用配变考核点必采数据：日冻结正向有功/无功电能示值、一/四象限无功电能示值（总、各费率）；日冻结反向有功/无功电能示值、二/三象限无功电能示值（总、各费率）；A、B、C三相电压曲线；A、B、C三相电流曲线；正/反向有功/无功总电能示值；月电压越限统计数据；月不平衡度越限累计时间。

三、主站数据管理功能

1. 数据合理性检查

用电信息采集系统提供采集数据完整性、正确性的检查和分析手段，发现异常数据或数据不完整时能自动进行补采。提供数据异常事件记录和告警功能；对于异常数据不予自动修复，并限制其发布，保证原始数据的唯一性和真实性。

2. 数据计算、分析

用电信息采集系统根据应用功能需求，可通过配置或公式编写，对采集的原始数据进行计算、统计分析。主要包括按区域、行业、线路、自定义群组、单客户等类别，按日、月、季、年或自定义时间段，进行负荷、电能量的分类统计分析。电能质量数据统计分析，指对监测点的电压、电流、功率因数、谐波等电能质量数据进行越线、合格率等分类统计分析，计算线损、母线不平衡、变损等。

3. 数据存储管理

用电信息采集系统采用统一的数据存储管理技术，对采集的各类原始数据和应用数据进行分类存储和管理，为数据中心及其他业务应用系统提供数据共享和分析利用。按照访问者受信度、数据频度、数据交换量的不同，对外提供统一的实时或准实时数据服务接口，为其他系统开放有权限的数据共享服务。提供系统级和应用级完备的数据备份和恢复机制。

4. 数据查询

用电信息采集系统支持数据综合查询功能，并提供组合条件方式查询相应的数据页面信息。

四、主站数据监测

主站采集数据的监测是日常最基础性的采集系统监测，主要监测影响采集数据完整性的因素。影响采集数据的基本因素有：终端时钟、测量点基本参数等，因此在日常的采集系统监测中，我们主要监测的项目有：时钟、采集数据、系统运行情况等。涉及采集数据监测实际操作过程中的基本概念介绍如下。

数据采集的主要数据项有电能量数据、交采数据、工况数据、电能质量统计数据、事件记录数据等。采集方式有定时自动采集、随机召测、主动上报等方式。

数据管理是指对采集数据完整性、正确性进行检查和分析，对于异常数据不予自动修复，并限制其发布，保证原始数据的唯一性和真实性。按区域、行业、线路、时间等对采集的原始数据进行计算、统计和分析。

用电信息采集系统运行管理包括对主站、终端、专用中继站运行状况实时监测和对各项操作的实时监测。

1. 主站运行工况监测

实时显示通信前置机、应用服务器以及通信设备等的运行工程；检测报文合法性、统计每个通信端口及终端的通信成功率。

2. 终端运行工况监测

终端运行状态统计（包括各类终端的台数、投运台数）、终端数据采集情况（包括电能表数据采集）、通信情况的分析和统计。

3. 专用中继站运行监测

主站可以实时显示中继站的运行状态及工作环境参数。

4. 操作监测

通过权限统一认证机制，确认操作人员情况，所在进程及程序、操作员权限等内容。系统自动记录重要操作（包括参数下发、控制下发、增删终端、增删电能表等）的当前操作员、操作时间、操作内容、操作结果等信息，并在值班日志内自动显示。

五、系统对时

用电信息采集系统对时方案选用分层设计，主站负责对采集终端进行对时，集中器负责对采集器、电能表进行对时；采集终端对时误差绝对值≤5s，电能表对时误差绝对值≤10s，采集终端和电能表日计时误差绝对值≤0.5s/d。

1. 主站对时

要求主站与标准时钟源（GPS全球卫星定位系统、北斗卫星导航系统或NTP网络时钟等）进行时钟同步，主站时钟误差≤0.1s/d，主站设置采集终端时钟误差允许值。支持主动上报的终端，可通过心跳报文上传终端时钟，主站判断终端时钟是否超差；不支持主动上报的终端，由主站巡测终端时钟，判断终端时钟是否超差。

2. 终端对时

当终端时钟误差超过允许值后，主站启动采集终端对时，终端生成对时事件，可由主站召测或终端主动上报对时是否成功。终端设置电能表时钟误差允许值，由采集终端监测电能表时钟是否超差。

3. 电能表对时

当电能表时钟误差超过允许值后，由采集终端将电能表时钟超差事件报送到主站，经主站允许后，采集终端启动对时超差电能表的对时（可采用广播对时或点对点对时命令），电能表生成对时事件，终端将所属电能表对时事件报送到主站。

4. 通信延迟

各级对时均要考虑通信信道的延迟，主站与采集终端之间由主站计算信道延时，并进行对时修正；采集终端与电能表之间由采集终端计算信道延时，并进行对时修正。

现场技能操作实训指导

一、工作任务描述

1. 任务名称

主站采集数据的监测

2. 适用对象

电能（用能）信息采集与监控人员

3. 具体任务

通过操作主站系统软件，正确设置下发终端测量点参数；在主站对终端进行基本的控制操作；对终端采集数据进行监测。

4. 工作规范及要求

（1）熟练操作电力用户用电信息采集系统，正确设置终端测量点参数及总加组。

（2）通过电力用户用电信息采集系统对终端进行对时、复位操作。

（3）对终端采集数据进行监测，包括实时的电压、电流、功率因数和冻结电量数据。

二、主站采集数据的监测具体操作步骤

1. 设置测量点参数及总加组

（1）输入用户名、密码登录电力用户用电信息采集系统。国网公司电力用户用电信息采集系统登录界面如图7-2所示，电力用户用电信息采集系统主页如图7-3所示。

图 7 - 2　国网公司电力用户用电信息采集系统登录界面

图 7 - 3　电力用户用电信息采集系统主页

（2）单击“运行管理”项，在“现场管理”下选择“现场调试”项（见图 7 - 4）。

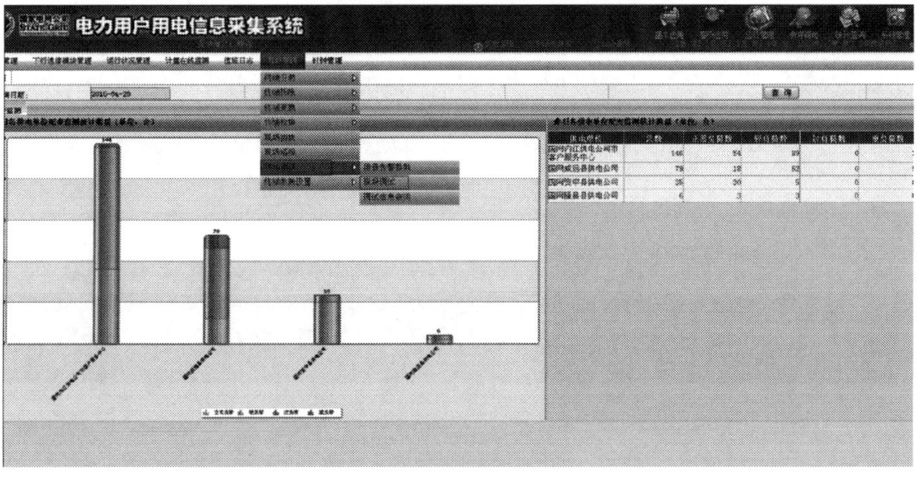

图 7 - 4　现场调试界面

（3）根据终端地址（用户编号、采集点名称、采集点编号等）选择需要进行参数设置的采集终端（见图 7-5）。

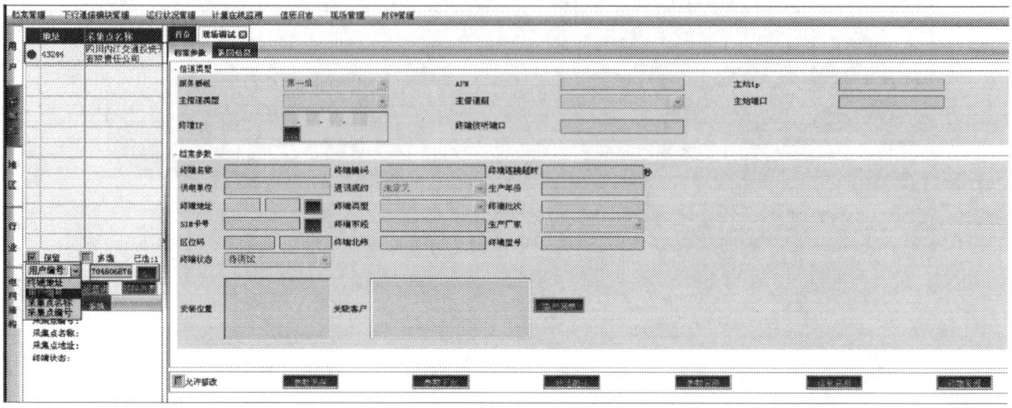

图 7-5　选择需要进行参数设置的采集终端

（4）单击在线的采集终端（在本系统中红色代表采集终端不在线、绿色代表采集终端在线），如图 7-6 所示；选择“测量总加”项（见图 7-7）。

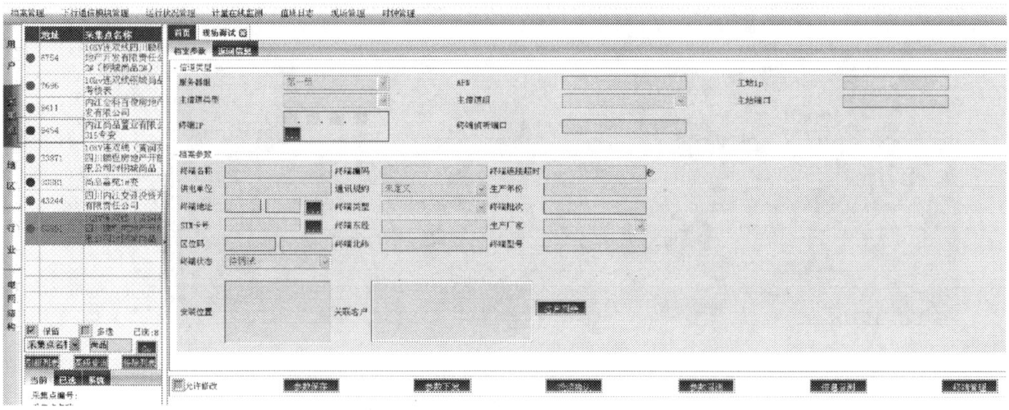

图 7-6　单击在线的采集终端

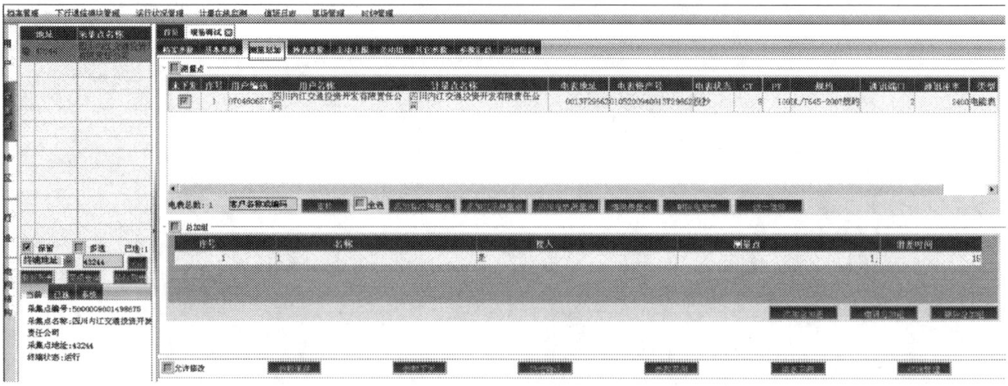

图 7-7　选择“测量总加”项

（5）首先选择“允许修改”，选中需要编辑的测量点，单击“编辑测量点”（见图 7－8）；在弹出的对话框中对测量点参数（通信地址、通信端口、通信速率、规约类型等）进行编辑，编辑好以后单击“保存”（见图 7－9）。

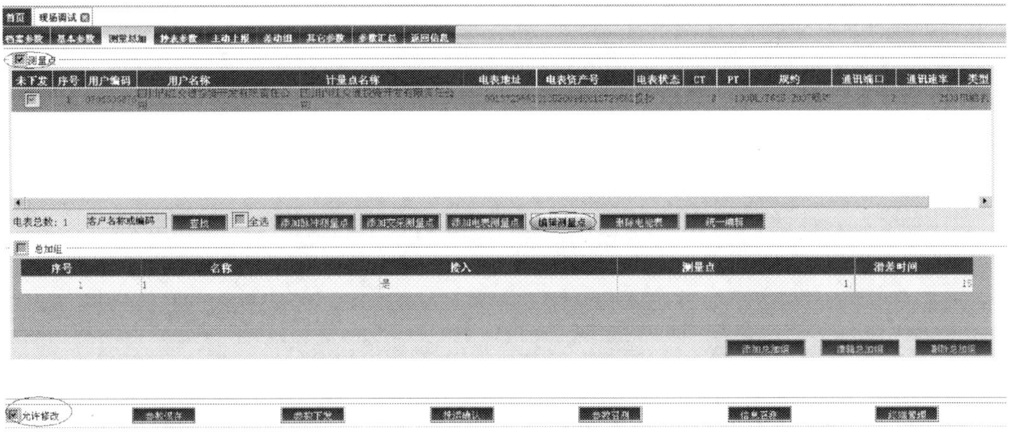

图 7－8　单击“编辑测量点”

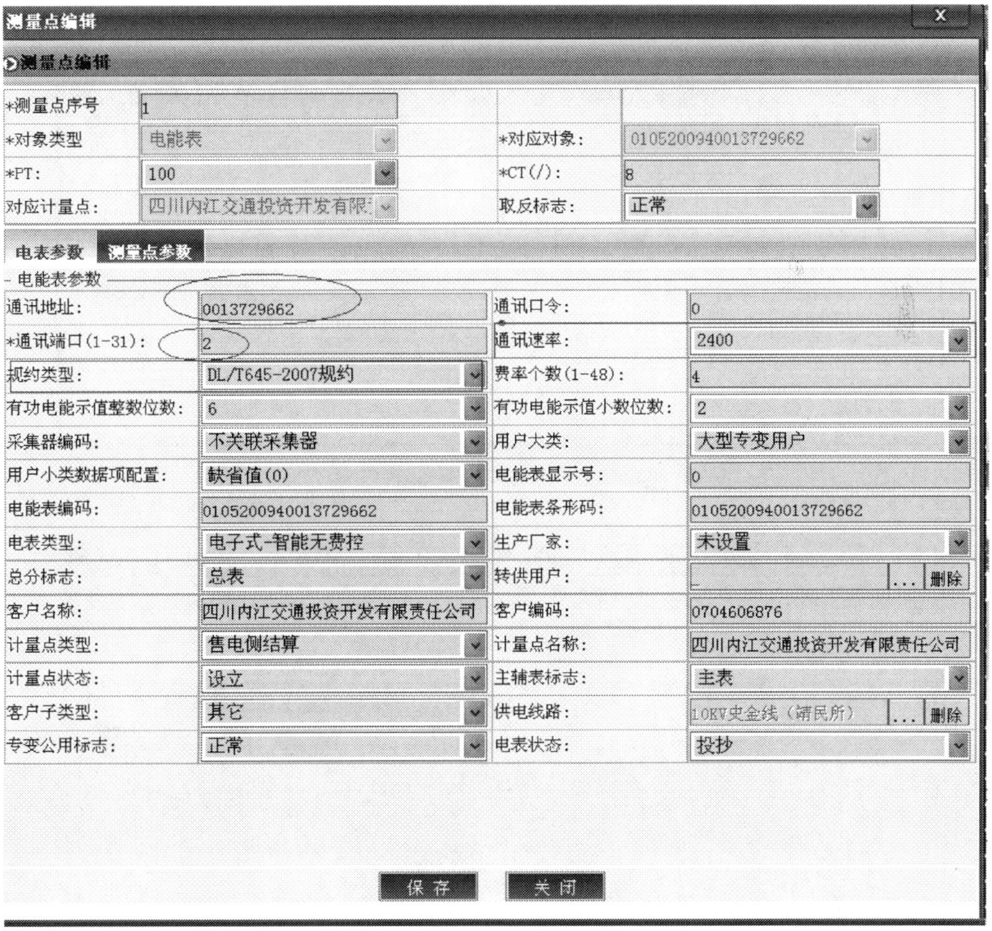

图 7－9　对测量点参数进行编辑

（6）编辑（添加）总加组。单击“编辑总加组”（添加总加组）（见图7-10）；在弹出的对话框中，填写总加组名称；单击“添加测量点”（见图7-11），关联需要总加的电能表即测量点，选择总加的方向等，单击“添加”（见图7-12）；在对所有总加组参数进行配置后保存。

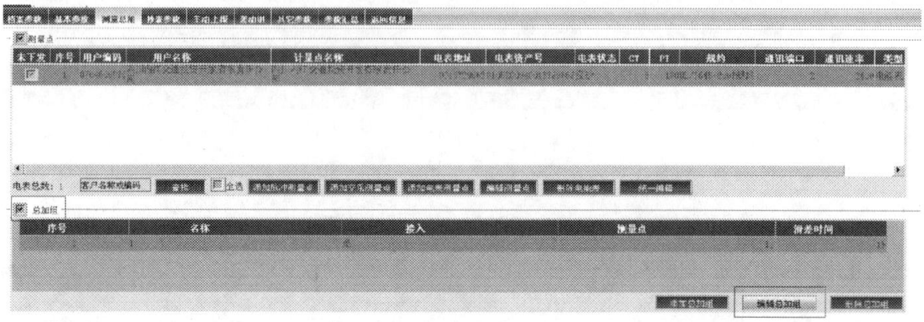

图7-10　单击“编辑总加组”（添加总加组）

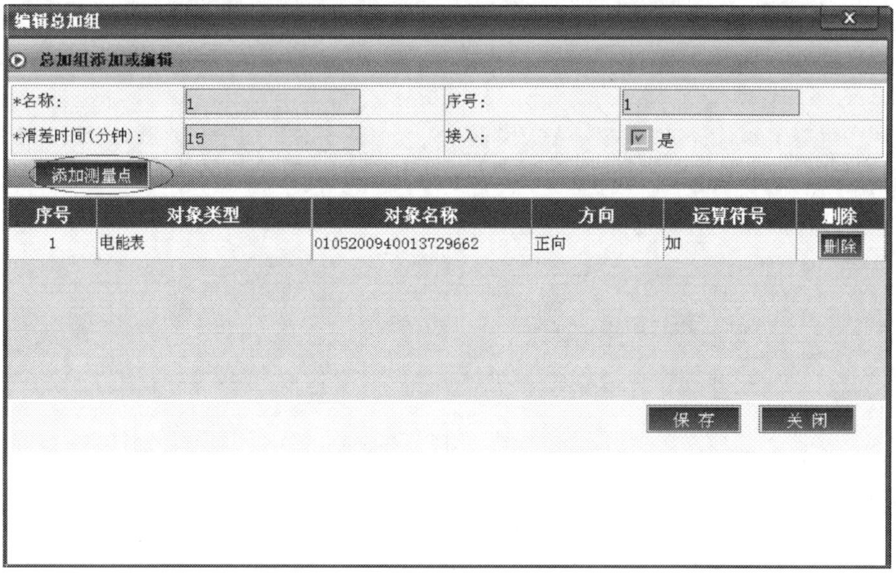

图7-11　单击“添加测量点”

图7-12　关联需要总加的电能表

（7）选中需要下发参数的测量点及总加组，单击“参数下发”（见图 7 - 13），将测量点及总加组参数下发到采集终端里面，下发成功后会返回一个执行结果，如果返回“终端确认”表示参数已经成功下发到采集终端（见图 7 - 14）；如果返回“终端否认”（或“终端无响应”）或者没有返回任何执行结果，此时我们需要确认采集终端是否有接收下发的参数。点击“参数召测”查看采集终端是否已经有刚才下发的参数，如果返回空白则表示采集终端没有接收到任何参数即下发参数失败，则需要重新下发参数。

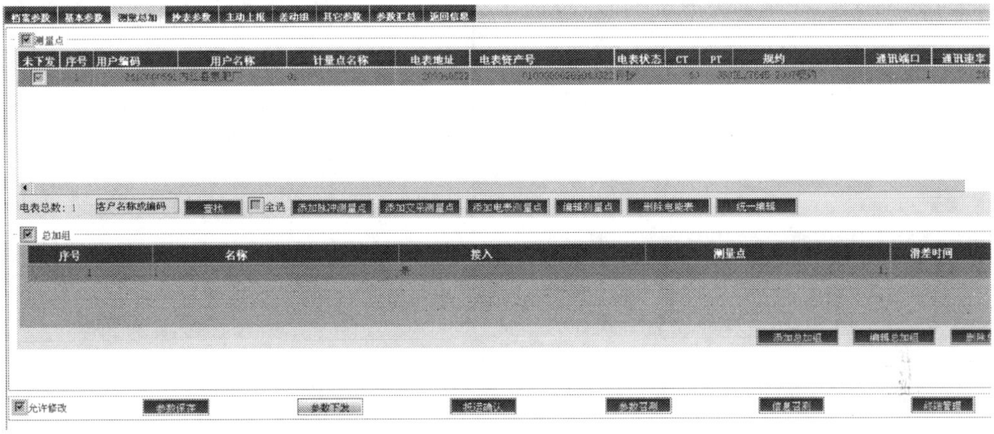

图 7 - 13　单击“参数下发”

图 7 - 14　参数成功下发到采集终端

2. 电力用户用电信息采集系统对时、复位操作

在现场调试界面（图 7 - 4）中单击“终端管理”，在弹出的对话框（见图 7 - 15）中，单击“允许修改”按钮，选择“复位命令”（在此处需要选择复位命令的类型，如：硬件初始化、数据区初始化等）和“对时命令”，单击“执行”（见图 7 - 15）。在强制认证对话框（见图 7 - 16）中输入操作人员的密码。下发后会返回执行结果，如果返回的是“下发成功”（见图 7 - 17），则表示命令已经执行成功；如果没有返回信息或者返回“执行失败”则表示采集终端没有接收到该执行命令，需要重新执行操作。

3. 实时采集数据查询

在“基本应用”大菜单下选择“数据采集管理”菜单中的“数据召测”“随机采集”（见图 7 - 18），根据终端地址（用户编号、采集点名称、采集点编号等）选择需要进行实时召测的采集终端（见图 7 - 19），单击需要实时召测的测量点，选择需要采集的数据类型（如正向有功、反相有功、功率因素、电流、电压等），单击“采集”（见图 7 - 20）。实时召测回的电能表数据在显示区域会显示采集终端的抄表时间及电能表的示数（或者其他召测的数据）（见图 7 - 21），如果没有任何数据则表示采集终端实时采集数据失败。

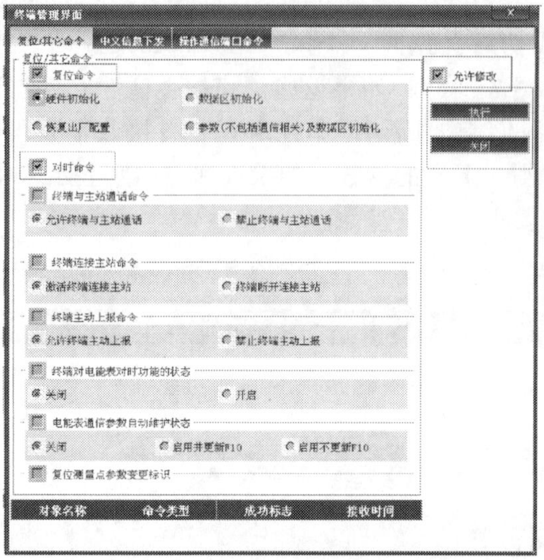

图 7-15 对时命令界面

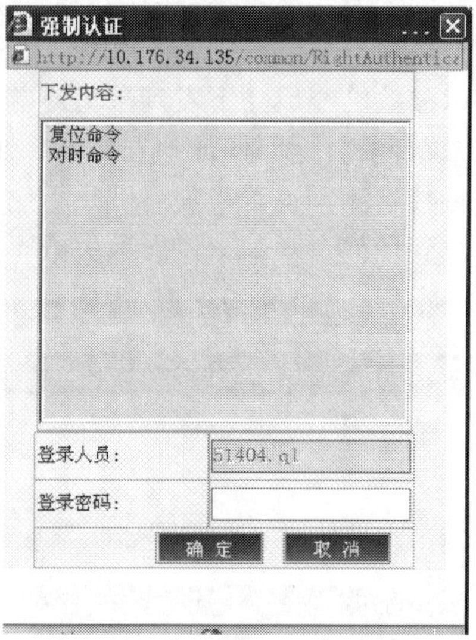

图 7-16 强制认证对话框

图 7-17 命令执行成功确认

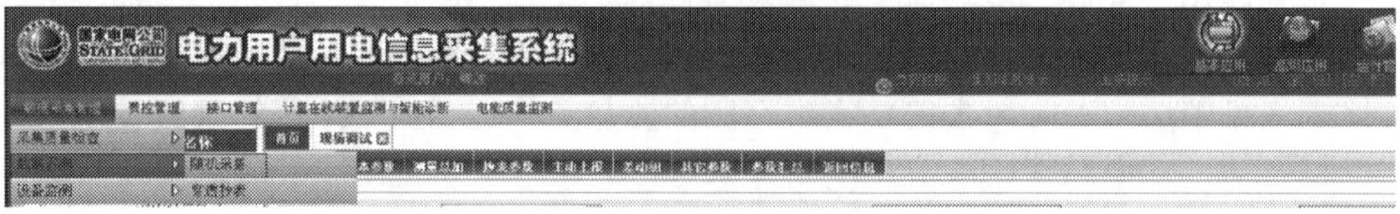

图 7-18 “数据召测”“随机采集”交互界面

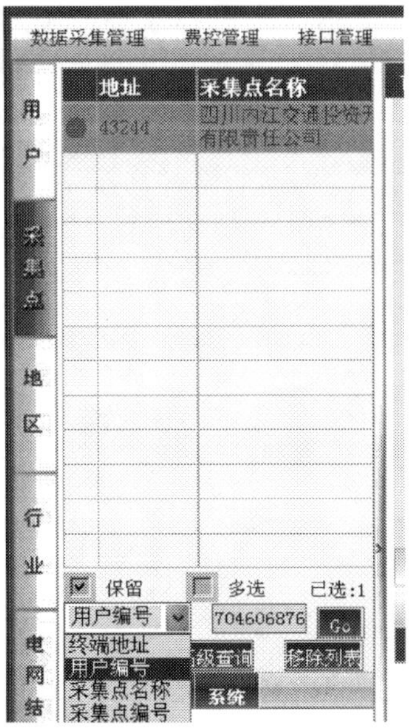

图7-19　采集测量点选择

图7-20　采集的数据类型选择

图7-21　采集测量点示数

4. 历史采集数据查询

(1) 在“统计查询”下的菜单中选择“数据查询分析”子菜单下的需要查询的用户类型(如专变用户、低压用户等)选择“自动抄表”下的“表码查询”(见图7-22)。

(2) 根据查询条件，用户编号(用户名称、表号等)查询出需要查询历史数据的用户，此处可以选择需要查询的日期。在查询出该用户后，在用户名称处单击鼠标右键，会弹出选择数据的项目，选择“电表数据”(见图7-23)。在如图7-24所示对话框中便可以根据需要选择历史数据查询的起始日期及数据查询的类型。

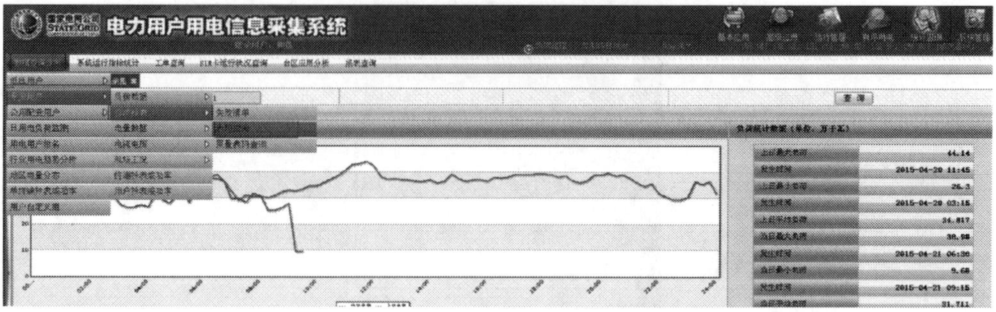

图 7-22　表码查询

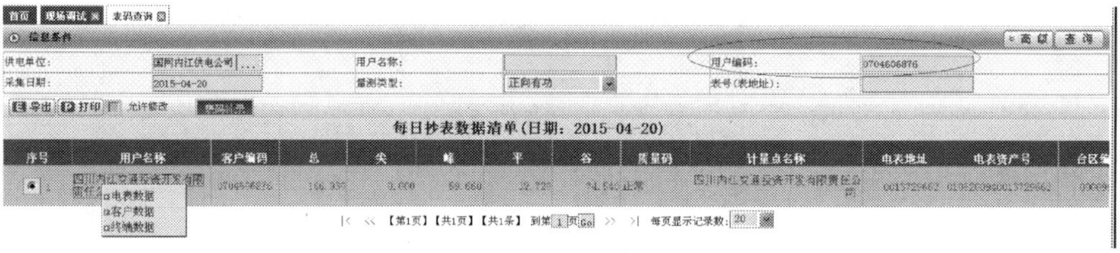

图 7-23　查询历史数据主交互页面

表码曲线(日期:2015-04-20至2015-04-20)

序号	时间	正向有功	正向无功	反向有功	反向无功	质量码
1	2015-04-20 01:00	165.15	73.91	0.00	7.31	正常/ 正常/ 正常/ 正常
2	2015-04-20 02:00	165.27	73.96	0.00	7.31	正常/ 正常/ 正常/ 正常
3	2015-04-20 03:00	165.38	74.02	0.00	7.31	正常/ 正常/ 正常/ 正常
4	2015-04-20 04:00	165.50	74.08	0.00	7.31	正常/ 正常/ 正常/ 正常
5	2015-04-20 05:00	165.62	74.14	0.00	7.31	正常/ 正常/ 正常/ 正常
6	2015-04-20 06:00	165.73	74.20	0.00	7.31	正常/ 正常/ 正常/ 正常
7	2015-04-20 07:00	165.84	74.25	0.00	7.31	正常/ 正常/ 正常/ 正常
8	2015-04-20 08:00	165.88	74.26	0.00	7.31	正常/ 正常/ 正常/ 正常
9	2015-04-20 09:00	165.92	74.26	0.00	7.31	正常/ 正常/ 正常/ 正常
10	2015-04-20 10:00	165.96	74.26	0.00	7.31	正常/ 正常/ 正常/ 正常
11	2015-04-20 11:00	166.01	74.26	0.00	7.32	正常/ 正常/ 正常/ 正常
12	2015-04-20 12:00	166.05	74.26	0.00	7.32	正常/ 正常/ 正常/ 正常
13	2015-04-20 13:00	166.10	74.26	0.00	7.32	正常/ 正常/ 正常/ 正常
14	2015-04-20 14:00	166.14	74.26	0.00	7.32	正常/ 正常/ 正常/ 正常

图 7-24　历史数据查询表码曲线

三、现场培训总结提炼

本模块重点介绍了主站采集数据的基本参数的设置下发及采集数据的查询等，使采集监控的一线生产技术人员具备日常的采集数据的监测的技术能力，具备与现场人员进行联调的基本技能。

技能操作考核评分细则

<table>
<tr><td colspan="6">编号：　　　　姓名：　　　　岗位：　　　　单位：</td></tr>
<tr><td colspan="6">成绩：　　　　考评员：　　　　考评组长：　　　　日期：</td></tr>
<tr><td>技能操作
模块名称</td><td>主站采集数据的监测</td><td>适用
岗位</td><td>电能（用能）信息采集与监控</td><td>考核
时限</td><td>30min</td></tr>
<tr><td rowspan="3">需要说明的
问题和要求</td><td colspan="5">（1）学员一人独立检查、操作，考评员监护</td></tr>
<tr><td colspan="5">（2）通过主站操作进行终端测量点参数的下发，对终端进行对时、复位操作</td></tr>
<tr><td colspan="5">（3）对终端采集数据进行监测，包括实时的电压、电流、功率因数和冻结电量数据</td></tr>
<tr><td rowspan="2">工具、材料、
设备、场地</td><td colspan="5">（1）用电信息采集系统，新安装的大用户终端一个</td></tr>
<tr><td colspan="5">（2）学员自备记录本或钢笔</td></tr>
</table>

序号	项目名称	质量要求	满分	扣分标准	扣分原因	扣分	得分
1	测量点参数设置	根据题目要求，对给定的终端进行测量点参数的下发	10	参数设置错误或未设置，1处扣5分，扣完为止			
2	终端对时	根据给定的终端进行对时操作	10	未正确操作扣10分，扣完为止			
3	终端复位	根据给定的终端进行复位操作	10	未正确操作扣10分，扣完为止			
4	数据召测	对给定的用户进行实时采集数据的召测，包括实时电量示度、电流、电压；冻结电量示度、电流、电压	30	每漏一项扣5分，扣完为止			
5	数据查询	对给定的用户进行历史采集数据的监测，包括电流、电压、功率因数和电量示度，将查询结果导出以考生名字命名保存到桌面上	40	每漏一项扣10分，扣完为止			
6	合计		100				

窃电与违约用电疑点的分析与处理

培训目的

窃电与违约用电是电力营销工作中常见的客户用电异常问题，加强反窃电和违约用电查处的规范性和及时性，能有效减少电能量和电费的损失，防范窃电及用电安全风险，提高电费回收率。在电力体制改革的大背景下，多种售电主体参与市场性竞争，打击窃电、查处违约用电，维护正常的供用电秩序，变得越来越重要。面对不同用电类别、不同用电容量的海量用户，要从中找出疑似窃电和违约用电的相关线索，必须综合利用营销管理信息系统、用电信息采集系统、线损管理系统记录的客户用电信息，以及现场用电检查结果，综合分析判断，找出异常现象。

通过本模块的学习和训练，用电检查、营销稽查、电能计量用电信息采集与监控专业技术人员能够掌握窃电与违约用电的情况分类、数据的获取、分析和判断等知识，掌握根据异常数据或情况进行分析处理的方法。

专业知识准备

对于窃电和违约用电相关行为，《电力法》《供电营业规则》做出了相关解释和规定。电力企业与客户在供用电合同中对此也做了一般约定。相关行为的调查和处理必须按照规定和合同约定进行，严格执行供电公司相关管理办法、工作流程。

一、窃电行为及处理

1. 窃电行为

窃电行为包括：

（1）在供电企业的供电设施上，擅自接线用电。

（2）绕越供电企业用电计量装置用电。

（3）伪造或者开启供电企业加封的用电计量装置封印用电。

（4）故意损坏供电企业用电计量装置。

（5）故意使供电企业用电计量装置不准或者失效。

（6）采用其他方法窃电。

随着智能电能表的推广，还出现了使用非法充值的智能表充值卡等装置窃电行为；此外，私自变更变压器铭牌参数或容量用电，改变电能计量装置接线或二次回路用电也被视为窃电行为。

2. 窃电行为的处理

对于窃电行为应按照下列原则处理。

（1）在供电企业的供电设施上，擅自接线用电的，所窃电量按私接设备额定容量（kVA视同kW）乘以实际使用时间计算确定。

（2）以其他行为窃电的，所窃电量按计费电能表标定电流值（对装有限流器的，按限流器整定电流值）所指的容量（kVA 视同 kW）乘以实际窃用的时间计算确定。窃电时间无法查明时，窃电日数至少以 180 天计算，每日窃电时间：电力客户按 12 小时计算；照明客户按 6 小时计算。

（3）违约使用电费的补交电费 3 倍的金额。

窃电数额较大或情节严重的，可转交司法机关依法立案处理。

二、违约用电行为及处理

1. 违约用电行为

违约用电行为指危害供用电安全、扰乱正常供用电秩序的行为。有下列违约用电行为者，应承担其相应的违约责任。

（1）在电价低的供电线路上，擅自接用电价高的用电设备或私自改变用电类别。

（2）私自超过合同约定的容量用电。

（3）擅自超过计划分配的用电指标。

（4）擅自使用已在供电企业办理暂停手续的电力设备或启用供电企业封存的电力设备。

（5）私自迁移、更动和擅自操作供电企业的用电计量装置、电力负荷管理装置、供电设施以约定由供电企业调度的客户受电设备。

（6）未经供电企业同意，擅自引入（供出）电源或将备用电源和其他电源私自并网。

2. 违约用电相关行为的处理

对于违约用电行为应按照下列原则处理。

（1）在电价低的供电线路上，擅自接用电价高的用电设备或私自改变用电类别的，应按实际使用日期补交其差额电费，并承担 2 倍差额电费的违约使用电费。使用起讫日期难以确定的，实际使用时间按 3 个月计算。

（2）私自超过合同约定的容量用电的，除应拆除私增容设备外，属于两部制电价的客户，应补交私增设备容量使用月数的基本电费，并承担 3 倍私增容量基本电费的违约使用电费；其他客户应承担私增容量每千瓦（kVA）50 元的违约使用电费。如客户要求继续使用者，按新装增容办理手续。

（3）擅自超过计划分配的用电指标的，应承担高峰超用电力每次每千瓦 1 元和超用电量与现行电价电费五倍的违约使用电费。

（4）擅自使用已在供电企业办理暂停手续的电力设备或启用供电企业封存的电力设备的，应停用违约使用的设备。属于两部制电价的客户，应补交擅自使用或启用封存设备容量和使用月数的基本电费，并承担 2 倍补交基本电费的违约使用电费；其他客户应承担擅自使用或启用封存设备容量每次每千瓦（kVA）30 元的违约使用电费，启用属于私增容被封存的设备的，违约使用者还应承担本条第 2 项规定的违约责任。

（5）私自迁移、更动和擅自操作供电企业的用电计量装置、电力负荷管理装置、供电设施以及约定由供电企业调度的客户受电设备者，属于居民客户的，应承担每次 500 元的违约使用电费；属于其他客户的应承担每次 5000 元的违约使用电费。

（6）未经供电企业同意，擅自引入（供出）电源或将备用电源和其他电源私自并网的，除当即拆除接线外，应承担其引入（供出）或并网电源容量每千伏安 500 元的违约使用电费。

三、窃电及违约用电管理要求

1. 窃电及违约用电举报信息的管理

(1) 建立举报、内部转办等多种反窃电及违约用电信息收集渠道。

(2) 定期分析营销管理信息系统、线损管理系统、负荷管理系统和低压远程集中抄表系统记录的客户用电信息，找出异常现象。

(3) 收到举报信息后，应立即启动“窃电违约用电处理流程”，进行调查和处理。

(4) 在收到举报10日内向举报人反馈检查信息。

(5) 对举报人、举报信息、查处信息保密。

(6) 用电检查员、抄表催费员、装表接电员等现场发现窃电及违约用电，应及时报告，并办理转办手续。

2. 反窃电工作纪律

(1) 用电检查人员应经批准后开展反窃电检查。

(2) 在执行反窃电检查任务前不得泄露工作信息。

(3) 执行反窃电检查任务时，应尊重客户的风俗、遵守客户的保卫保密制度。

(4) 在执行反窃电检查任务时，应全面检查到位，并做好取证和录影/录像等记录。

(5) 用电检查人员应在现场填写“用电检查工作单”，不得随意修改经客户签字认可的证据资料。

(6) 窃电及违约用电实行查处分离的原则，并遵守处理工作纪律。

(7) 用电检查人员应遵纪守法，廉洁奉公，不徇私舞弊，不以电谋私。

3. 现场检查工作要求

(1) 根据月度工作计划和检查方案，用电检查人员执行查处任务前，应按规定填写“用电检查工作单”，备齐检查时需用的检查工具和单据。

(2) 实施现场检查时，不得少于2人，并向被检查的客户出示有效的“用电检查证”。

(3) 制订检查时出现突发事件的应急预案。

(4) 开展现场检查前应对营销管理信息系统、负荷管理系统、低压远程集中抄表系统等技术系统记录的客户用电情况进行分析，对有异常用电现象的客户在现场重点检查。

(5) 实施现场突击检查时，要争取第一时间到达现场，再通知客户到场后开展检查。

(6) 依据《违约用电和窃电查处工作流程》实施现场检查。

4. 现场取证管理要求

(1) 在检查过程中，用电检查人员发现客户存在窃电或违约用电时，应立即现场取证。

(2) 对于情节恶劣、重大的窃电及违约用电事件，应立即报告领导，会同公安机关、公证部门一并取证。

(3) 取证时应进行现场拍照、摄像，并将窃电证物封存，取得证人笔录和其他相关的材料。

(4) 用电检查人员在取证结束后，应按窃电或违约用电事实填写“用电检查通知书”一式二份，现场要求客户签字、签章确认，一份送达客户或客户代表，一份存档备查。

客户对存在窃电的电能计量装置、封印存有疑义时，应按如下原则处理。

(1) 对电能计量装置或封印有疑点时，在检查现场由双方共同加封确认。

(2) 加封后，可恢复客户供电。将与客户共同加封的电能计量装置送达有资质的鉴定部门，并由鉴定部门出具鉴定报告。鉴定期间，供电公司客户服务中心/县级供电公司用电检查班应妥善保管相关的证据材料和实物。

（3）经鉴定、检测，非窃电及违约用电的，用电检查人员应将所有资料转相关部门后续处理。

（4）经鉴定、检测确认其有窃电行为后，供电公司客户服务中心/县级供电公司用电检查班应按《违约用电和窃电查处工作流程》处理。

（5）客户确有窃电行为，愿意按时间、按规定接受处理的，现场可暂缓中止供电，对违约用电停电处理应留有 7 天处理时限，并按规定报批实施停电。

（6）对窃电事实清楚、证据确凿的，可依法采取当场中止供电。

5. 窃电违约用电的处理流程

（1）窃电违约用电处理实行查处分离、分级审批的原则。

（2）处理人员依据检查结果和相关规定、资料，认真核算追补电量、追补电费和违约使用电费，填写“客户违约用电、窃电处理审批单”，按处理权限的规定分别报领导审批。

（3）经领导批准后，用电检查人员应填写“违约用电、窃电交费通知书”。

（4）对一次难于交清的，可与客户签订“追补电费和违约使用电费的还款协议”，订立还款计划。协议应明确规定追补电费一次缴清，第一次违约使用电费交款到帐数额不低于应交款项的 25%，余款由供电公司电费管理中心/县级供电公司电费管理分中心负责催缴，原则上不超过 6 个月，并不计收滞纳金。客户缴纳的追补电费及违约使用电费按电费管理要求执行。

（5）供电公司客户服务中心/县级供电公司用电检查班应按月填报“追补电费、违约金台账”，月底上报供电公司营销部。

（6）在用电检查和处理过程中的停送电工作中应按照谁停谁送的原则办理，填写“内部工作联系单”并经领导批准后进行停/复电。

（7）情节恶劣的应向当地行政主管部门汇报，构成犯罪的，提请司法部门追究刑事责任。

四、疑点分析方法

疑点分析是一个从“监控和收集营销异常数据”到“分析、破译营销异常数据原因”到“制订稽查方案”再到“反馈稽查结果”的循环过程。在具体的稽查工作过程中，稽查人员或用电检查人员根据一个营销稽查主题，结合多方面的资源、数据，根据对电力营销业务流程的理解，对存在疑点的地方进行合理假设，然后对假设命题进行有效论证；通过不断假设和求证，从出现异常的营销数据中分析出问题所在。一般而言，整体的疑点分析可分为 3 个步骤。

1. 诊断活动

（1）寻找异常点。营销系统在运行过程中，一旦有问题或异常产生，遵循营销模型的指标会出现异常。找出营销指标异常的内在因素是诊断活动的第一步重要工作，因为只有根据异常指标正确地找出异常点，才能进行有效的诊断。

（2）分析原因。找到异常点，就要寻找造成异常的原因。如果根本原因不明确，为消除异常因素而设计的稽查方案就不可能有效，或是仅仅为治标而付出巨大代价。在寻找原因时，稽查人员或者用电检查人员在扑朔迷离的现象中，需要识别得出异常指标所需的因素，构建推测和假设，考虑相关营销信息，按照数据、陈述、原则、条例、依据、证据、判断、描述、问题等得出指标异常与其产生原因之间的拟推理关系或实际推理关系。

2. 稽查准备

发现异常所在点，分析其产生的原因后，稽查人员或用电检查人员需要对异常情况进行诊断研究，从而寻找最佳的稽查方案。但是，由于技术环境、经济环境等多方面客观因素的制约，想要拥有一个尽善尽美的稽查方案是不太现实的。因此，需要设计尽可能多的备选方案。备选方案通常有两个来源。

（1）经验。经验可能是营销稽查监控工作人员自己的，也可能是别的营销管理者或别的营销工作人员的实际做法。尽管过去自己面临的环境与目前的状况可能有很大差别，但过去成功的做法毕竟可以作为一个备选方案；虽然他人面对的挑战与自己面临的可能有诸多不同，但别人达到目的的捷径还是可以作为一种备选方案的。

（2）创新。稽查人员或用电检查人员应该具有依据事物变化而应变的创造力。当在现有目标层次上分析问题有困难时，应在更高的目标层次去考察问题，研究新的稽查思路，从而绕过原有问题，在更高的目标层次上解决问题。

3. 稽查实施

在分析异常产生的原因之后，通过现场调查收集推理所需要的证据，并从相关概念、方法、条例和原则等方面的考虑，来陈述和证明推理过程，评价推理的可信度，并以有说服力的论证形式提出稽查结论。要做好现场调查工作，如下几点应加以特别注意。

（1）确保现场调查获得证据的客观性。所谓证据的客观性，是指证据是不以人的意志为转移而存在的客观事实。基于这种事实，我们在现场调查时应注意不能把怀疑、猜测的东西当作证据，但并不排除对稽查的目标作出一些假定的分析和预见性的判断。这里的关键在于通过对稽查目标存在的证据的充分收集，来论证稽查目标的异常事实，从而使原先的假定分析和预见性判定得到客观证据的肯定或否定。

（2）确保诊断推理与现场调查的关联性。证据的关联性是指证据和需要证明的推理之间必须有一定的联系或关系。并非所有的现场调查事实都能成为证据，只有能证明与稽查目标有关的事实内容才可以成为证据。这种关联性是证据客观性在具体稽查案例中的表现，通过现场调查获得证据与诊断推理之间的相互印证、相互说明，反映了稽查目标和指标异常之间的逻辑联系。

现场技能操作实训指导

一、工作任务描述

1. 任务名称

窃电与违约用电疑点的分析与处理。

2. 适用对象

营销业务管控（稽查）人员，用电检查人员。

3. 具体任务

运用用电信息采集系统防窃电相关功能模块以及营销 SG186 系统，通过对指定客户终端采集数据读取、档案对比，初步判断其是否存在窃电与违约用电嫌疑。

4. 工作规范及要求

（1）提供客户基本信息（变压器装接容量 1000kVA 及以上大宗客户），所提供的客户电能表、采集终端运行无异常，生产无变化。

（2）登录用电信息采集与监控系统以及营销 SG186 系统，合理按步骤运用防窃电相关功能模块，分别查询提供的 3 个正常在线用户的电能表运行参数、计量回路运行状态及各类报警信息，对比档案同步准确度等，并针对报警信息、档案分析，初步确认疑似窃电客户。

（3）登录用电信息采集与监控系统，选择相关功能模块对指定客户完成终端采集电量分析、线损分析、功率曲线分析、电压合格率、供电可靠率（停上电无异常）和三相电流不平衡率的分析，判断异常性质，异常开始/结束时间，定性有无窃电与违约用电嫌疑。

（4）对指定时段涉及窃电与违约用电嫌疑的信息数据做导出处理（导出 EXCEL 数据表作为本考核模块答卷附件，文件名称统一为"窃电与违约用电嫌疑的信息数据 _ 考生姓名 _ 考生学号"）。

（5）将对异常信息内容所做的简要技术分析，描述在记录页指定栏目中。

二、现场实操作业步骤

（一）疑点提取与分析

1. 营销业务系统异常数据提取

根据稽查计划，通过营销系统、稽查监控系统或业务管控系统，提取异常主题数据。该类异常数据主要包括月电量波动超过 30%；超容量用电，即实际用电量超过运行容量理论最大电量；居民大电量异常等。

2. 线损异常数据提取

在用电信息采集系统中，提取线损异常信息，包括分线线损异常、分台区线损异常、分供电区域线损异常等。线损异常数据提取如图 8-1 所示。

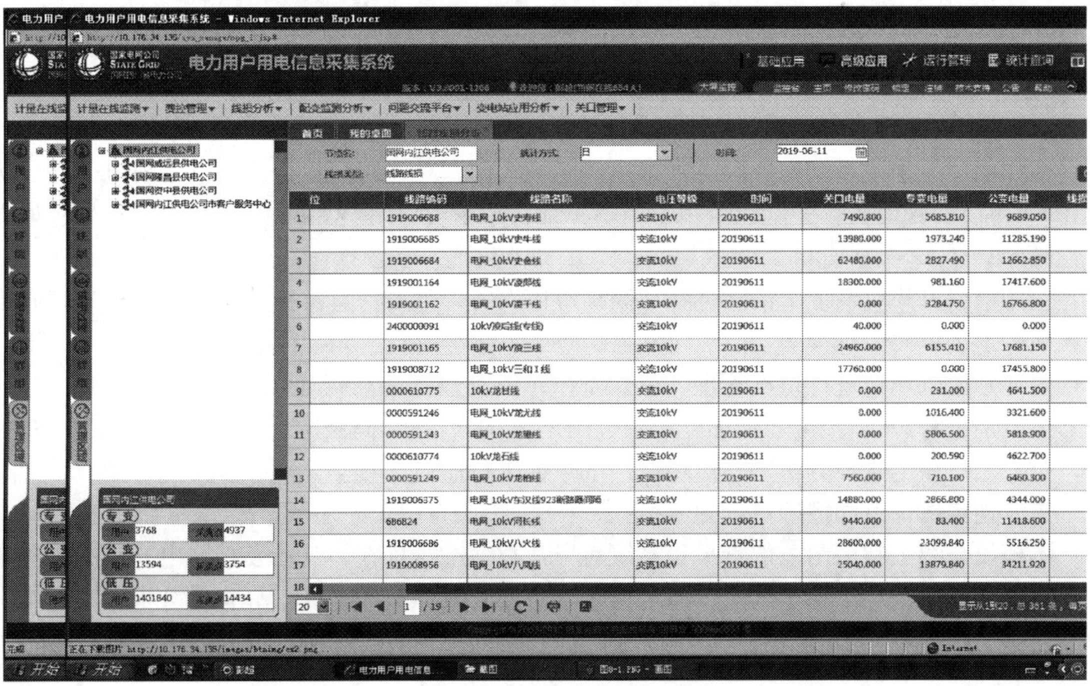

图 8-1　线损异常数据提取

查询线路供入电量明细、供出电量明细、多日损耗、线路档案信息、抄表信息明细、营销档案核对等。

（二）电量对比分析

在用电信息采集系统中依次选择菜单“高级应用”→“防窃电分析”→“电量对比分析操作”，可以进行当日电量与上日、上月、上年同期用电量进行对比。用电量异常分析如图8-2所示。

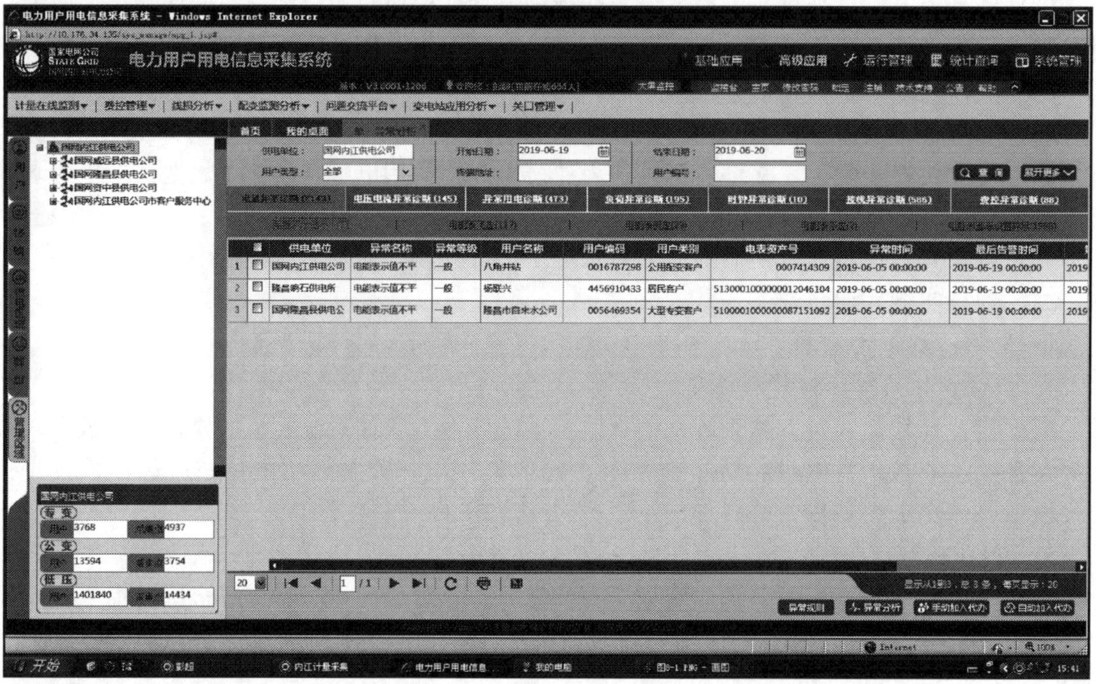

图8-2　用电量异常分析

（三）计量异常判断

在用电信息采集系统中依次选择菜单“高级应用”→“防窃电分析”→“窃电工况分析操作”，可以看到失压、失流、断相、相序异常、示数突降等异常事项。电压异常分析如图8-3所示。

在用电信息采集系统中依次选择“高级应用”→“重要信息推出”→“重要信息定制”，进入账号定制重要信息推送功能。定制后，登录系统会进行提示。

对异常用电用户进行重点管理，重点监控。依次选择“高级应用”→“重点用户监测”→“重点用户管理”，单击“添加异常用电用户”。然后在“高级应用”→“重点用户监测”→“重点用户窃电嫌疑分析”中对用户用电数据进行监控。

三、现场培训总结提炼

本模块介绍了利用用电信息采集系统对异常数据进行排查，从而发现窃电与违约用电疑点的方法。用电信息采集运维人员应掌握电量对比、线损异常、计量异常等分析方法，及时发现窃电与违约用电嫌疑，为供电公司开展窃电与违约用电检查提供及时、可靠的基础数据。

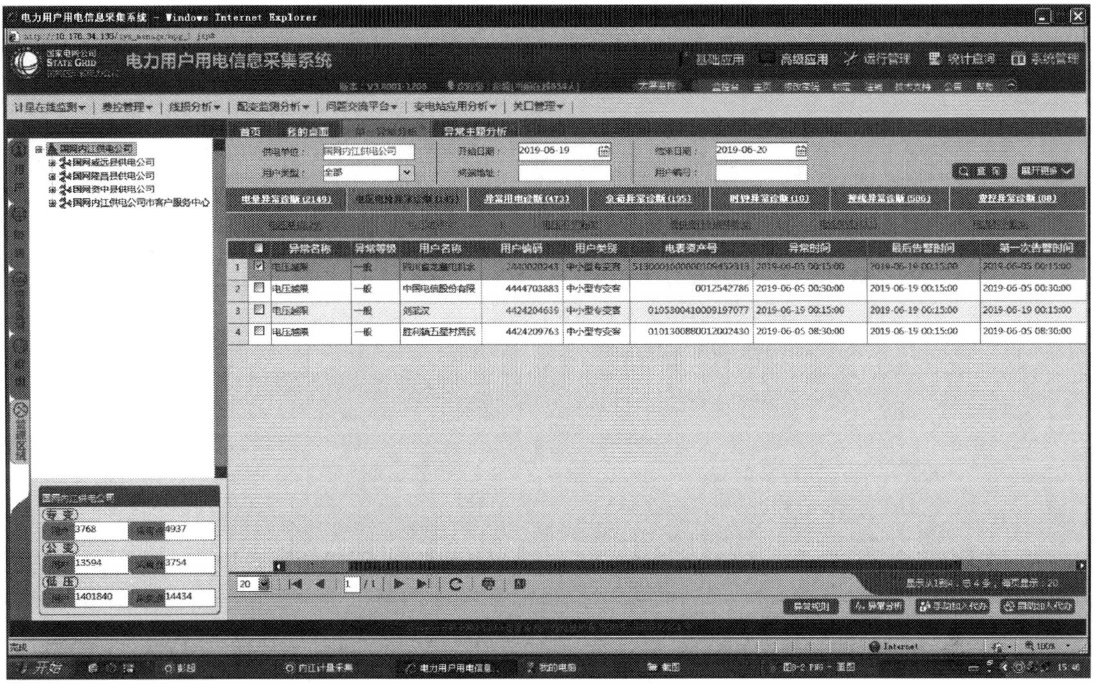

图 8-3　电压异常分析

技能操作考核评分细则

编号：	姓名：		岗位：	单位：	
成绩：	考评员：		考评组长：	日期：	
技能操作模块名称	窃电与违约用电疑点的分析与初步判断	适用岗位	电能（用能）信息采集与监控	考核时限	30min
需要说明的问题和要求	（1）提供客户基本信息（变压器装接容量 1000kVA 及以上大宗客户），所提供的客户电能表、采集终端运行无异常，生产无变化				
	（2）登录用电信息采集与监控系统营销 SG186 系统，合理按步骤运用防窃电相关功能模块，分别查询提供的 3 个正常在线用户的电能表运行参数、计量回路运行状态及各类报警信息，对比档案同步准确度等，并针对报警信息、档案分析，初步确认疑似窃电客户				
	（3）登录用电信息采集与监控系统，选择相关功能模块对指定客户完成终端采集电量分析、线损分析、功率曲线分析、电压合格率、供电可靠率（停上电无异常）和三相电流不平衡率的分析，判断异常属性，异常开始/结束时间，定性有无窃电与违约用电嫌疑				
	（4）对指定时段涉及窃电与违约用电嫌疑的信息数据做导出处理（导出数据表作为本考核模块答卷附件）				
	（5）将异常信息内容所做的简要技术分析，描述在记录页指定栏目中				
工具、材料、设备、场地	（1）提供有用电信息采集系统主站软件和营销 SG186 系统软件电脑，给定采集系统主站、营销系统账户只有查询权限				
	（2）提供 3 个正常在线用户基本信息（客户类别 、户号、电表资产号），要求在某个时期（时段）发生异常运行（1 个无异常报警；1 个同比错误档案不一致接线方式错 3×3，B 相无电压；1 个电压断相或失去流（1 相），但对应电流或电压正常）				

续表

序号	项目名称	质量要求	满分	扣分标准	扣分原因	扣分	得分
1	系统登录	正确使用用户名、密码登录（允许在考评员提示下登录）	5	经提示登录扣3分			
2	信息检索	根据提供用户基本信息用检索，判断用户判断终端运行状态以及与电能表和主站通信的情况	15	（1）不能进入指定客户界面不得分； （2）经提示完成检索扣5分； （3）未判断或判断错误一项扣5分，扣完为止			
3	查找异常信息	合理按步骤运用防窃电相关功能模块针对报警信息、档案分析，初步确认疑似窃电客户 （1）在采集系统选择相关功能模块，分别对所提供用户基本信息，查询可能发生异常某个时期（时段）的计量装置异常运行报警信息，并判断计量装置运行异常用户，导出异常运行数据； （2）进一步通过营销系统档案查询，对比客户档案在两个系统同步准确度等，初步确认疑似窃电与违约用电客户，判断档案准确性并分别截图； （3）对疑似窃电与违约用电客户及终端档案信息进行记录	40	（1）不能正确运用系统相关功能模块，不能判断或判断错误不得分； （2）不能导出正常/异常切换信息数据，一项扣5分，扣完为止； （3）导出指定数据、截图错误，一项扣5分，扣完为止； （4）导出数据不齐备扣5分； （5）报警及运行信息抄录错、漏项一处扣2分，扣完为止； （6）记录不规范一处扣0.5分，扣完为止			
4	计量装置运行数据分析	（1）选择用电信息采集与监控系统相关功能模块对指定客户完成终端电量分析、线损分析、功率曲线分析、电压合格率、供电可靠率（停上电无异常）和三相电流不平衡率的分析； （2）将存在异常运行的工作日信息数据导出（包含恢复正常的工作日信息）	20	（1）不能对正确运用系统相关功能模块，不得分； （2）导出指定数据、截图错误，一项扣5分，扣完为止； （3）导出数据不齐备扣5分			

续表

序号	项目名称	质量要求	满分	扣分标准	扣分原因	扣分	得分
5	技术分析	对查找出的正常、异常信息加以引用，并进行简要技术分析 （1）根据导出数据对发生的异常运行做定性分析； （2）判断异常属性，异常开始/结束时间； （3）根据异常信息判断对计量的影响趋势	20	（1）对异常运行的定性分析错误1处扣5分，扣完为止； （2）异常属性判断错误1处扣5分，扣完为止； （3）计量装置进入异常（恢复正常）时间判断错误1处扣5分，扣完为止； （4）计量量值的影响趋势判断错误1处扣5分，扣完为止			
6	合计		100				

窃电与违约用电嫌疑客户的分析与初步判断记录页

<table>
<tr><td colspan="12">编号：　　　　姓名：　　　　　　单位：</td></tr>
<tr><td colspan="12">用户信息</td></tr>
<tr><td colspan="4">户名：</td><td colspan="4">用户编号：</td><td colspan="4">客户类别：</td></tr>
<tr><td colspan="12">地址：</td></tr>
<tr><td colspan="4">联系人：</td><td colspan="4">联系电话：</td><td colspan="4">安装时间：</td></tr>
<tr><td colspan="4">合同容量：</td><td colspan="4">电压等级：</td><td colspan="4">电源类型：</td></tr>
<tr><td colspan="12">计 量 信 息</td></tr>
<tr><td colspan="4">电表型号：</td><td colspan="4">资产编号：</td><td colspan="4">计量类型：　　　类</td></tr>
<tr><td colspan="4">接线方式：</td><td colspan="4">计量方式：</td><td colspan="4">采集测量点序号：</td></tr>
<tr><td colspan="3">TV一次侧电压：</td><td colspan="3">TV二次侧电压：</td><td colspan="3">TA一次侧电流：</td><td colspan="3">TA二次侧电流：</td></tr>
<tr><td colspan="3">用电性质 ：</td><td colspan="3">负荷类型：</td><td colspan="6">终端名称：</td></tr>
<tr><td colspan="4">终端编号：</td><td colspan="4">终端地址：</td><td colspan="4">终端通信协议：</td></tr>
<tr><td colspan="12">用户报警信息记录</td></tr>
<tr><td colspan="12"></td></tr>
<tr><td colspan="12">对查找出的报警及终端采集数据（电量、线损、功率曲线等）异常信息进行简要技术分析：</td></tr>
</table>

预 购 电 控 制

培训目的

预购电控制是用电信息采集专业岗位必备的专业技能之一。采用对专变客户进行预购电控制，可以提高电费回收率，防止欠费情况的发生。

本模块主要讲解用电信息采集系统预购电控制的功能，通过实例讲解操作过程，使学员理解预购电的概念，掌握操作方法。

专业知识准备

一、用电信息采集系统定值控制的类型

用电信息采集系统通过对终端设置功率定值、电量定值、费率定值以及控制相关参数的配置和下达控制命令，实现系统功率定值控制、电量定值控制和费率定值控制功能。

系统具有点对点控制和点对面控制两种基本形式。

1. 功率定值控制

功率定值控制方式包括时段控制、厂休控制、营业报停控制、当前功率下浮控制等。系统根据业务需要提供面向采集点对象的控制方式选择，管理并设置终端负荷定值参数、开关控制轮次、控制开始时间、控制结束时间等控制参数，并通过向终端下发控制投入和控制解除命令，集中管理终端执行功率控制。控制参数及控制命令下发、开关动作应有操作记录。

2. 电量定值控制

系统根据业务需要提供面向采集点对象的控制方式选择，管理并设置终端月电量定值参数、开关控制轮次等控制参数，并通过向终端下发控制投入和控制解除命令，集中管理终端执行电量控制。控制参数及控制命令下发、开关动作应有操作记录。

3. 费率定值控制

系统可向终端设置电能量费率时段和费率以及费控控制参数，包括购电单号、预付电费值、报警和跳闸门限值，向终端下发费率定值控制投入或解除命令，终端根据报警和跳闸门限值分别执行告警和跳闸。控制参数及控制命令下发、开关动作应有操作记录。

二、专变采集终端限电控制的功能

专变采集终端具有以下控制功能。

1. 功率定值控制

主站向终端下发功率控制投入命令及参数，终端在所定限值范围内监测实时功率，当不在保电状态时，功率达到限值则自动执行功率定值闭环控制功能，按所投轮次依次判断并执行跳闸操作。功率定值控制解除或控制时段结束后，终端允许用户闭合由功率定值控制引起跳闸的开关。

功率定值闭环控制根据控制参数不同分为时段功控、厂休功控、营业报停功控和当前功

率下浮功控等控制类型。各类功率控制定值先要和保安定值比较，如大于保安定值就按功率定值执行，小于保安定值就按保安定值执行。若多种功率控制类型同时投入，只执行优先级最高的功率控制类型。这4类功率控制按优先级从高到低依次是：当前功率下浮功控、营业报停功控、厂休功控、时段功控。

（1）时段功控。主站依次向专变采集终端下发功控时段、功率定值、定值浮动系数、告警时间、控制轮次等参数，终端收到这些命令后设置相应参数。

主站向专变采集终端下发时段功控投入命令，终端收到该命令后显示“时段功控投入”状态；当不在保电状态时，终端在功控时段内监测实时功率，自动执行功率定值控制功能。控制过程中应在显示屏上显示定值、控制对象、执行结果等。

控制时段结束或时段功控解除后，应有音响（或语音）通知用户，允许用户闭合由时段功控引起跳闸的开关。

（2）厂休功控。主站向专变采集终端下发厂休功控参数（功率定值、控制延续时间等）以及控制轮次等，终端收到这些命令后设置相应参数。

主站向专变采集终端下发厂休功控投入命令，终端收到该命令后显示“厂休功控投入”状态；当不在保电状态时，终端在厂休日监测实时功率，自动执行功率定值控制功能。控制过程中应在显示屏上显示定值、控制对象、执行结果等信息。

控制时段结束或厂休功控解除后，应有音响（或语音）通知用户，允许用户闭合由厂休功控引起跳闸的开关。

（3）营业报停功控。根据客户申请营业报停起、止时间，主站向专变采集终端下发营业报停功控参数，终端收到这些命令后设置相应参数。

主站向专变采集终端下发营业报停功控投入命令，终端收到该命令后显示“营业报停功控投入”状态；当不在保电状态时，终端在报停时间内监测实时功率，自动执行功率定值控制功能，并在显示屏上显示相应信息。

营业报停时间结束或营业报停功控解除后，应有音响（或语音）通知用户，允许用户闭合由营业报停功控引起跳闸的开关。

（4）当前功率下浮功控。主站向专变采集终端下发当前功率下浮功控的功率计算滑差时间M(min)、定值下浮系数k(%）等参数。终端收到这些参数后计算当前功率定值。

专变采集终端收到当前功率下浮控制投入命令后，显示“当前功率下浮控投入”状态；终端不在保电状态时，自动执行功率定值控制功能，直至实时功率在当前定值之下。

当前功率下浮功控解除或控制时段结束后，终端有音响（或语音）通知用户，允许用户闭合由当前功率下浮功控引起跳闸的开关。

2. 电量定值控制

电能量定值控制主要包括月电控、购电量（费）控等类型。

（1）月电控。主站依次向专变采集终端下发月电能量定值、浮动系数及控制轮次等参数设置命令，专变采集终端收到这些命令后设置月电能量定值、浮动系数及控制轮次等相应参数，并有音响（或语音）告警通知用户。

主站向专变采集终端下发月电控投入命令，终端收到该命令后显示“月电控投入”状态，监测月电能量，自动执行月电能量定值闭环控制功能。闭环控制的过程中终端应在显示屏上显示定值、控制对象、执行结果等信息。

月电控解除或月末24时，终端允许客户闭合由月电控引起跳闸的开关。

(2) 购电量（费）控。主站向专变采集终端下发购电量（费）控参数设置命令，包括购电单号、购电量（费）、报警门限值、跳闸门限值、各费率时段的费率等参数，终端收到这些参数设置命令后，设置相应参数，并有音响（或语音）告警通知用户。

主站向专变采集终端下发购电量（费）控投入命令，终端收到该命令后显示“购电控投入”状态，自动执行购电量（费）定值闭环控制功能。终端监测剩余电能量，如剩余电能量（或电费）小于设定的告警门限值，应能发出音响告警信号；如剩余电能量（电费）小于设定的跳闸门限值，按投入轮次动作输出继电器，控制相应的被控负荷开关。

专变采集终端自动执行购电量（费）定值闭环控制的过程中应在显示屏上显示剩余电能量（费）、控制对象、执行结果等信息。

购电量（费）控解除或重新购电使剩余电能量（或电费）大于跳闸门限时，专变采集终端允许用户闭合由购电量（费）控引起跳闸的开关。

三、保电

主站可以向终端下发保电投入命令，保证终端的被控开关在任何情况下不执行任何跳闸命令。保电解除命令可以使终端恢复正常受控状态。

终端接收到主站下发的保电投入命令后，进入保电状态，自动解除原有控制状态，并在任何情况下均不执行跳闸命令。终端接收到主站的保电解除命令，恢复正常受控状态，执行控制命令。在终端上电或与主站通信持续不能连接时，终端应自动进入保电状态；待终端与主站恢复通信连接后，终端自动恢复到断线前的控制状态。

四、预购电控制流程

用电信息采集系统是购电的执行者。营销系统负责购电档案的维护和账务处理；用电信息采集系统负责购电量的下发，并把执行结果返回营销系统。

目前，用电信息采集系统对用户的预购电分为专变用户预付费和低压用户远程充值两大类业务，对专变用户主要是通过电量来控制，而对低压用户则是通过电费来控制。

在介绍流程之前，先介绍两个名词：“参考电价”和“综合电价”。“参考电价”为购电时系统查询到该用户前3个月发行电价的平均值；若是无发行电量电费，则选择该用户在档案中执行的最低电价（电价不能为0）。“综合电价”则是用户购电后系统进行电量的计算和下发的依据。综合电价可手工修改，修改时不能低于“参考电价”；一般情况下不对“综合电价”进行修改。

实行远程预付费功能后，预付费终端记录的是剩余电量，而营销系统记录的剩余金额，使用一段时间后，会导致终端内的剩余电量和系统内的剩余金额的差距不断加大。为了防止该现象恶化，营销系统会根据用户每月的余额情况，对终端内的剩余电量进行修正，降低系统与设备之间的数据差异。目前营销系统采用的方案有A、B两种，分别为正常结算电量和应急电量。

营销系统每月根据用户的抄表数据在营销系统中出费时，会立即计算一笔最新电量下发至采集终端，并将终端内的剩余电量刷新为最新电量，即正常结算电量。当系统计算该用户正常结算电量为负时，为了保证用户正常用电，系统会按照配置的“应急电量天数”计算一笔电量下发至采集终端中并进行刷新，让用户可以在该时段正常用电。该电量即应急电量。

1. 费控用户档案维护

此功能用于用户营销系统绑定预付费终端、修改用户缴费方式（操作完成后自动修改）、设置报警和停电阈值。

通过用户编号查询，根据提示修改用户缴费方式为“负控购电”，并根据用户用电情况填写报警阈值及停电阈值。

报警和停电阈值参数配置后，该信息将每次随用户的购电信息一并发送至终端中进行更新；该信息设置后现场终端不会立即生效，只有通过用户缴费并且电量下发成功才能生效。

此时可在档案查询中验证该用户缴费方式是否变为负控购电。

如在“费控用户档案维护”修改缴费方式时，提示“存在用户的缴费方式不允许新增负控档案”，则只能通过“批量修改缴费方式申请方法”进行解决。

2. 负控用户档案编辑

用于修改预付费用户的报警和停电阈值、月末结算电量下发系数、解除终端预付绑定、变跟预付费终端。

通过用户编号查询，勾选用户后单击“注销”可解除终端预付绑定。解除后用户缴费方式自动变更为“电力机构坐收”。

（1）修改预付费用户的报警和停电阈值。

在“费控用户档案维护”界面可修改用户停电阈值、报警阈值、月末下发计算系数等参数，如图 9-1 所示。

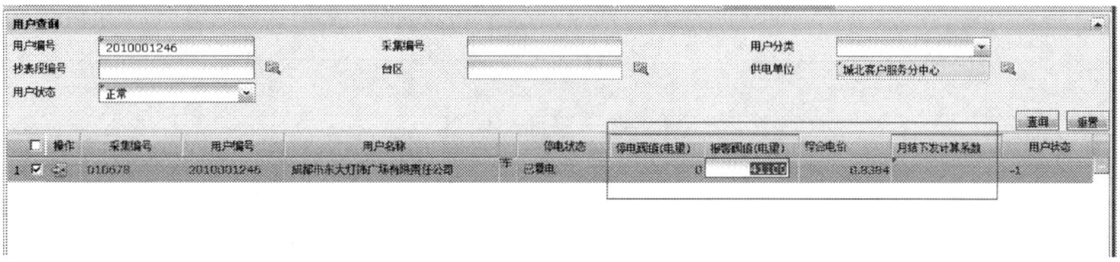

图 9-1　费控用户档案维护界面

（2）修改应急电量天数配置。

（3）变更和注销预付费终端。营销系统可对预付费终端进行变更，该功能主要用于绑定预付费终端错误时进行修改或注销。

以上内容配置完成后应进行一次同步。

现场技能操作实训指导

一、工作任务描述

1. 任务名称

预购电控制。

2. 适用对象

电能（用电）信息采集与监控技术人员。

3. 具体任务

正确操作用电信息采集系统中心控制台软件，对指定用户进行预购电控制操作。

4. 工作规范及要求

（1）熟练操作用电信息采集系统软件，下发购电控制参数，要求参数设置正确。

（2）对指定用户投入预购电控制命令，要求命令投入正确、执行无误。

5．时间要求

本模块操作时间为45min，时间结束立即终止任务。

二、现场实操作业步骤

1．采集主站终端预付费参数配置

（1）配置下发总加组和倍率。进入采集系统主站操作页面，操作路径为：基础应用—终端管理—现场调试。双击选择用户后单击“测量总加”，单击“添加总加组”项，如图9-2所示。

图9-2　添加总加组

进入页面后填写总加组名称，单击“添加测量点”项，所有涉及的时间选择15min，如图9-3所示。

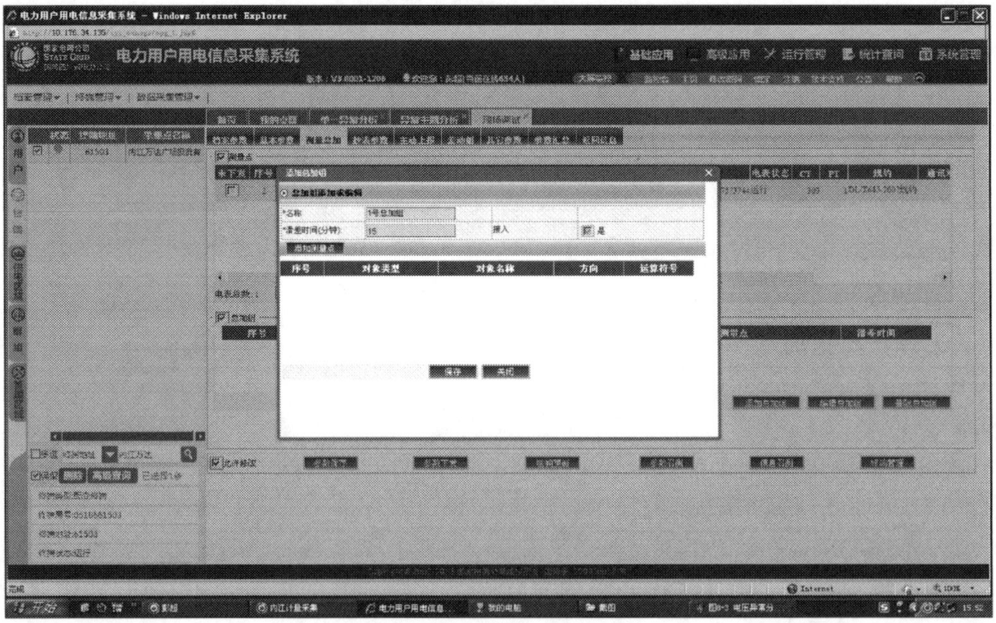

图9-3　编辑总加组

配置电能表加减运算公式，如图 9-4 所示。单击“添加”项后，保存完成总加组配置。

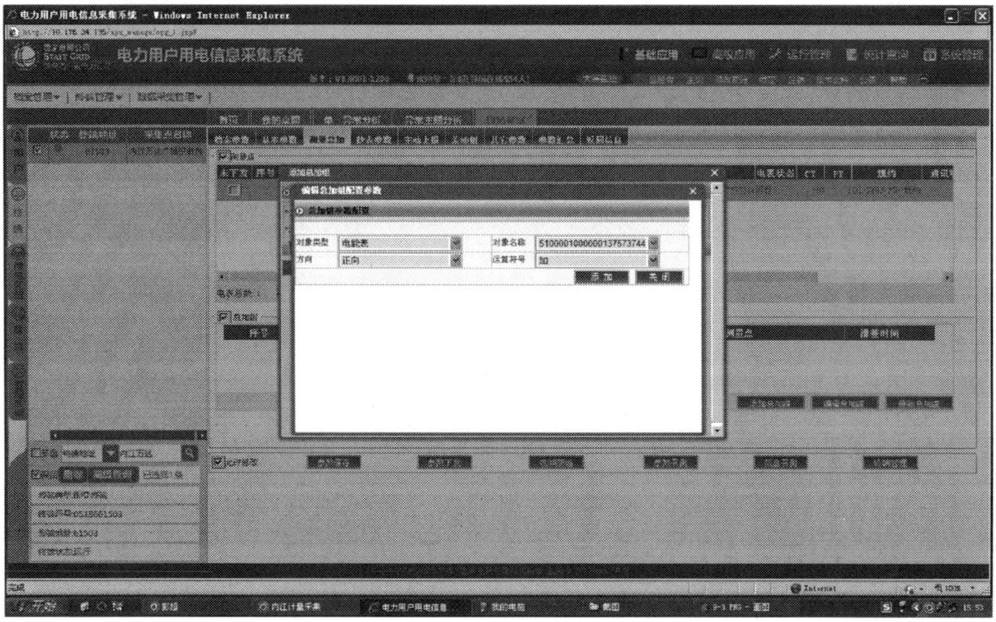

图 9-4　配置总加组参数

单击“参数汇总”项，选中“总加组”完成总加组下发操作，如图 9-5 所示。

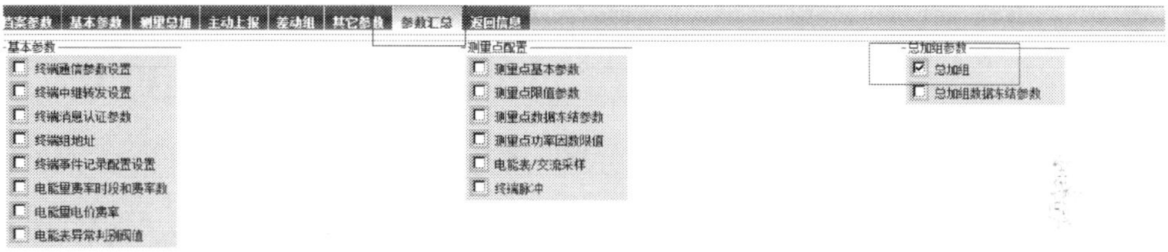

图 9-5　总加组参数下发

(2) 用户倍率核实及下发。操作路径为基础应用—终端管理—现场调试，双击选择用户，单击“测量总加”项，核实用户倍率是否正确，可通过单击“编辑测量点”项进行倍率修改，如图 9-6 所示。

图 9-6　编辑用户倍率

修改完成后单击“参数汇总”项，选中“测量点基本参数”项进行数据下发，如图 9-7 所示。

图 9-7　用户倍率下发

2. 控制参数下发

操作路径为：高级应用—费控管理—远程费控—远程费控投入调试—专变控制命令管理。

(1) 开启保电模式。弹出新页面后单击“保电/剔除命令”项，选中终端保电，选择“无限期保电”项，单击“投入”项，如图 9-8 所示。保电的目的是防止终端误跳闸。

图 9-8　保电操作

(2) 投入购电控。单击“电控命令”项，勾选“购电控”项，单击“投入”项，如图 9-9 所示。投入后终端就开始计量了。因此，为防止用户跳闸需先将用户进行保电。

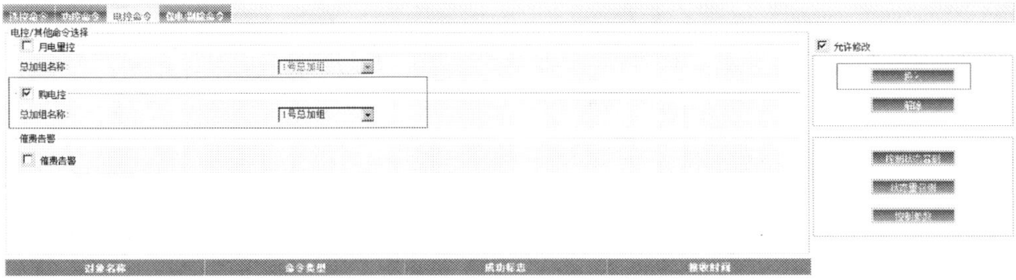

图 9-9　投入购电控

如要命令终端在欠费跳闸时按照配置的内容进行跳闸则需在“专变控制命令管理”页面下单击“控制参数管理”项，如图 9-10 所示。按照现场实际接入的跳闸轮次进行设置，设置完成后先单击“参数保存”项，再单击“参数下发”项，如图 9-11 所示。

图 9 - 10　进入控制参数配置页面

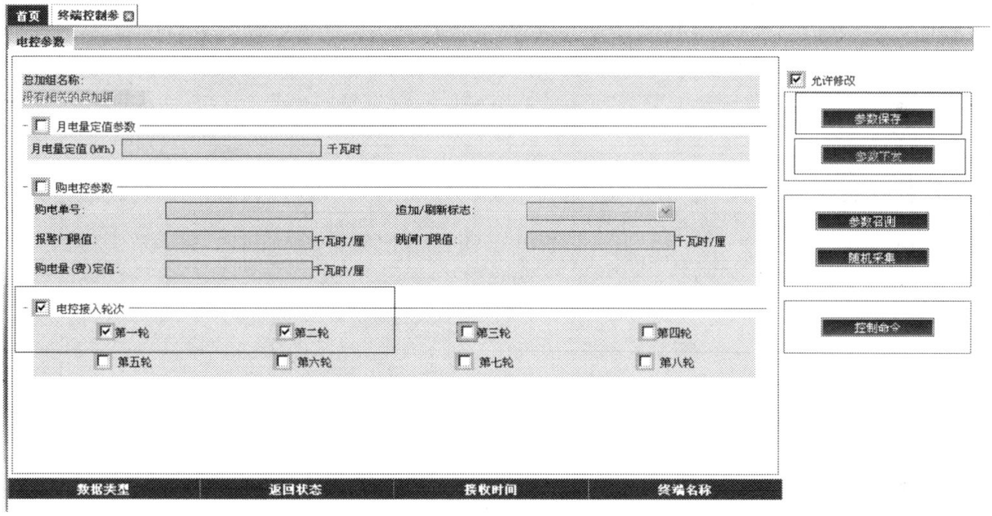

图 9 - 11　设置跳闸轮次

3. 预付费剩余电量召测

在购电控下发成功后，应对终端剩余电量进行召测，确保下发成功。操作路径为基本应用—数据采集管理—数据召测—随机采集，进入页面后选择预付费终端，单击“总加组”项，选中“总加组名称”项，单击左边的“当前数据”项，勾选“终端当前剩余电量”项，单击“采集”项。下方页面即显示所召测的剩余电量，如图 9 - 12 所示。

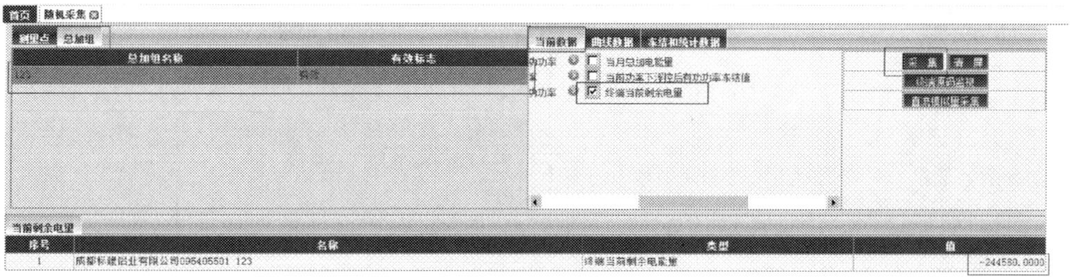

图 9 - 12　预付费剩余电量召测

三、培训总结提炼

通过本模块的学习，学员应掌握对专变客户预购电控制的操作；能够明确营销系统和用电信息采集系统之间的数据交换原理及费控数据关系；清楚哪些数据是来自营销系统，哪些数据来自采集系统，并能够在两个系统中进行查询编辑。本模块操作比较简单，但必须按照正确的顺序操作才能成功，学员应牢记操作步骤，多加练习，直至能熟练独立完成。

技能操作考核评分细则

编号：	姓名：	岗位：		单位：			
成绩：	考评员：	考评组长：		日期：			
技能操作模块名称	预购电控制	适用岗位		电能（用能）信息采集与监控	考核时限	45min	
需要说明的问题和要求	（1）学员一人独立检查、操作，考评员监护						
	（2）考评人员预先指定用户终端1台。学员对指定终端进行预购电控制						
工具、材料、设备、场地	（1）用电信息采集系统软件，已上线的用户终端1台						
	（2）学员自备记录本或钢笔						
序号	项目名称	质量要求	满分	扣分标准	扣分原因	扣分	得分
1	预购电参数设置		30				
1.1	总加组配置	正确添加总加组，并配置对应的电能表及其加减方式	20	设置错误1处扣5分，扣完为止			
1.2	用户倍率核对及下发	核对用户倍率，对不正确的倍率进行修改并重新下发	10	（1）未核对倍率，本项不得分； （2）核对倍率后，对不正确的倍率未进行修改或修改错误扣5分； （3）倍率下发不成功扣3分			
2	预购电控制投入		55				
2.1	保电投入	设置保电投入时间，并投入	15	（1）未保电，本项不得分； （2）保电时间设置错误，扣5分			
2.2	购电控投入	成功投入购电控	20	（1）投入失败，本项不得分； （2）操作不熟练扣2分			
2.3	跳闸轮次设置	按要求设置轮次，并投入	20	（1）轮次设置错误，1项扣3分，扣完为止； （2）设置完成后，未投入，扣5分			
3	剩余电量召测		15				
3.1	召测剩余电量	召测指定用户的剩余电量	15	未召测或召测不成功，本项不得分			
4	合计		100				

电能表采集异常消缺

培训目的

电能表作为用电信息采集与监控系统采集设备层最底层设备，与连接的终端、采集器、集中器等设备在系统中担负着计量、数据采集、上传信息、执行本地及远程的负荷管理要求、提供用户交互平台等任务。

通过对本模块的学习，用电信息采集与监控专业技术人员能够正确掌握电能表及错误接线的基本知识，进行电能表采集异常原因分析并消除缺陷。本模块包含单相电能计量装置接线形式、常见故障及异常、检查重点等内容，并通过概念描述、术语说明、图解示意、要点归纳，介绍了电能表采集异常判断和故障处理的方法。

专业知识准备

智能电能表是智能电网（特别是用电信息采集与监控系统）的基础设施，取代机械表和普通电子表已成为必然趋势，近几年来在国内各行各业已开始得到广泛应用。智能电能表由测量单元、数据处理单元、通信单元等组成，具有电能计量、信息存储及处理、实时监测、自动控制、信息交互等功能。智能电能表具备一般电能表的正向/反向有功电能量、四象限无功电能量、分时计量等计量功能，还具备计量分相有功电能量、需量测量等功能。

用电信息采集系统采集设备层所用电能表包括单相电能计量装置、三相四线电能计量装置、三相三线计量装置等。不同计量装置的接线形式、安装运行注意事项、错接线分析、常见故障及异常、检查的重点等内容也不同。

一、单相电能计量装置

根据《供电营业规则》的规定“用户单相用电设备总容量不足10kW的可采用低压220V供电”，因此，对于单相用电的客户需装设单相电能计量装置。

1. 接线形式

单相电能计量装置接线形式有两种，一种是直接接入式，另一种是通过互感器接入式，如图10-1所示。电能表接线端子定义见表10-1。

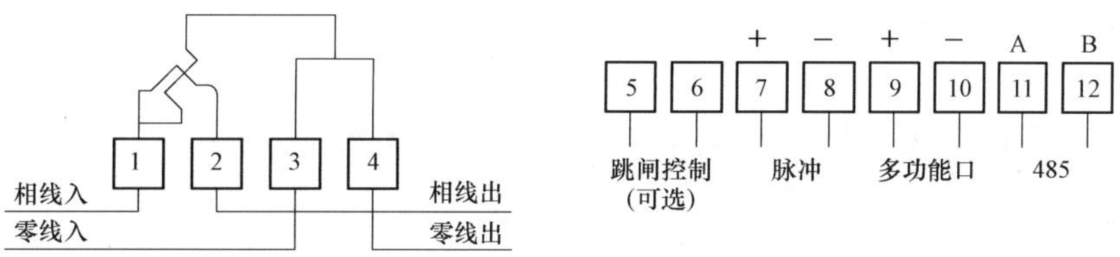

图10-1　单相电能表端子接线图

表 10-1 电能表接线端子定义

1	相线接线端子	7	脉冲接线端子
2	相线接线端子	8	脉冲接线端子
3	零线接线端子	9	多功能输出口接线端子
4	零线接线端子	10	多功能输出口接线端子
5	跳闸控制端子	11	485-A 接线端子
6	跳闸控制端子	12	485-B 接线端子

2. 安装运行注意事项

(1) 单相供电用户电能计量装置应接近用户的负荷中心。计量表的安装位置应满足安全防护的要求和方便抄表。

(2) 安装在用户处的电能计量装置，由用户负责保护封印完好，使装置本身不受损失或丢失。

(3) 计费电能表装设后，用户应妥为保护，不应在表前堆放影响抄表、计量准确及安全的物品。如发生计费电能表丢失、损坏或过负荷烧坏等情况，用户应及时告知供电企业，以便供电企业采取措施。如因供电企业责任或不可抗力致使计费电能表出现或发生故障的，供电企业应负责换表，不收费用；其他原因引起的，用户应负担赔偿费或修理费。

(4) 当发生电能计量装置异常时，用户应及时通知供电公司进行处理。

3. 常见的故障及异常

(1) 相线与中性线对调。正常情况下运行没有问题，但用户若将用电设备接到相线与大地之间时（如经暖气管道等），将造成电能表少计或不计电量，带来窃电的隐患。

(2) 电源线的进出线接反。此时，由于电流线圈同名端反接，故电能表要反转。

(3) 电压连接片没接上。此时电压线圈上无电压，电能表不计量。

(4) 电能表发生“串户”。电能表的客户号与客户房号不对应，易造成电费纠纷。

4. 检查的重点

(1) 检查计量箱、表计的锁头、铅封、铅印是否完好。

(2) 检查电能表运行声音是否正常。

(3) 核对表号、资产号、户号是否正确。

(4) 注意观察信号灯的闪动是否正常。

(5) 检查表计的导线是否有破皮、松动、脱落、短接、短路等情况。

(6) 对带有电流互感器的电能计量装置，应注意检查互感器的铭牌，接线，一、二次侧是否有短路、断路情况。

二、三相四线电能计量装置

根据 DL/T 825—2002《电能计量装置安装接线规则》规定：低压供电方式为三相者应安装三线四线有功电能表，高压供电中性点有效接地系统应采用三相四线有功、无功电能表。

1. 接线形式

三相四线电能计量装置接线形式分为直接接入式和间接接入式。图 10-2～图 10-4 分别为三相四线经电压、电流互感器接入式，三相四线经电流互感器接入式，三相四线直接接入式接线图。

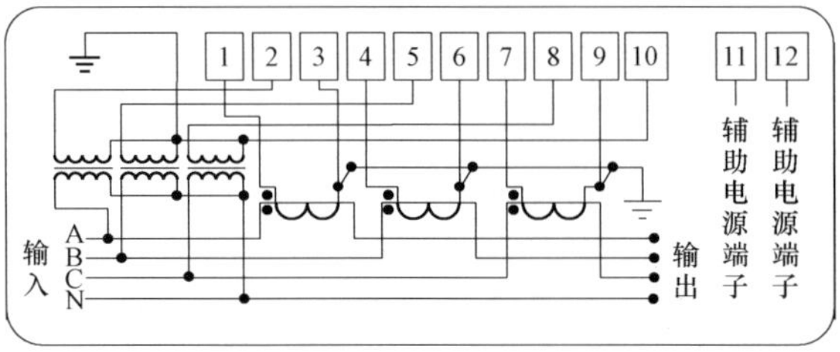

图10-2　三相四线经电压、电流互感器接入式接线图

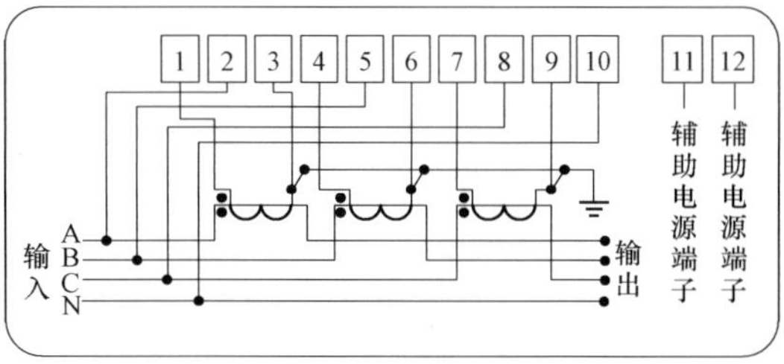

图10-3　三相四线经电流互感器接入式接线图

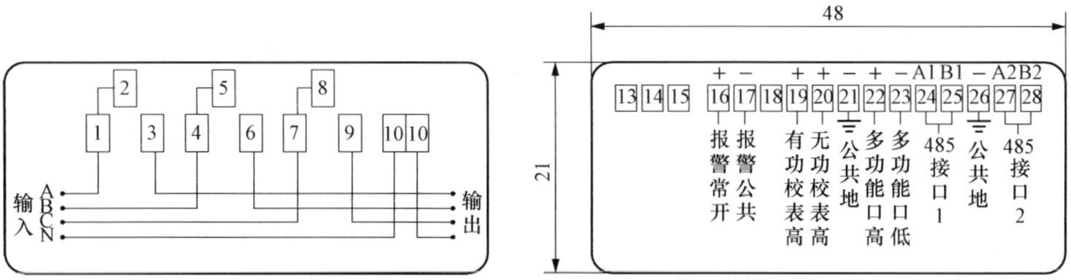

图10-4　三相四线直接接入式接线图

2. 安装运行注意事项

（1）电能计量点应设定在供电设施与受电设施的产权分界处。如产权分界处不适宜装表，对专线供电的高压用户，可在供电变电站的出线侧出口装表计量；对公用线路供电的高压用户，可在用户受电装置的低压侧计量。

（2）对于低压供电的客户，负荷电流为50A及以下时，电能计量装置接线宜采用直接接入式；负荷电流为50A以上时，宜采用经电流互感器接入式。

（3）三相四线制连接的电能计量装置，其3台电流互感器二次侧绕组与电能表之间宜采用六线制连接。

（4）110kV及以上的高压三线四线计量装置电压互感器二次回路，不应装设隔离开关辅助触点，但可装设熔断器。

（5）电能表应安装在电能计量柜（屏）上，每一回路的有功电能表和无功电能表应垂直排列或水平排列，无功电能表应在有功电能表下方或者右方，电能表下端应加有回路名称的标签，两只三相电能表相距的最小距离应大于80mm，电能表与柜（屏）边的最小距离应大于40mm。

（6）对于容量大于5kVA的用户，应在电能计量点安装电能信息采集系统，实现对电能信息实时采集与监控。

（7）对于安装在发、供电企业生产运行场所的电能计量装置，运行人员应负责监护，保证其封印完好，不受人损坏。安装在用户处的电能计量装置，由用户负责保护封印完好，使装置本身不受损坏或丢失。

3. 常见的故障及异常

三相四线电能计量装置由3个单相元件计量三相四线制电路电能。因此，在运行时应注意检查每个计量元件和电流、电压互感器。主要故障表现为：

(1) 计量装置的电流、电压回路发生断路和短路。这样计量电量会造成少计量或不计量。

(2) 计量装置的电流、电压回路发生极性接反。这样就会造成某个计量元件反转，从而少计电量。

(3) 计量装置的电流、电压回路发生错接线。这时就要进行相量分析，计算出正确电量。

(4) 电流、电压互感器发生故障，如铭牌与实际铭牌不符，熔断器熔断，一、二次侧接线发生短路、断路，一、二次侧发生错接线等。对于这些故障，要具体问题具体分析，利用相量分析的方法，算出正确电量。

(5) 计量装置本身发生故障，如黑屏、死机等。对于这些非人为因素造成的故障，供电公司应加强核查和检定，耐心与用户沟通解释，按照用户实际运行的情况，计算出合理的电量。

4. 检查的重点

(1) 外观检查。主要检查计量装置的铅封、铅印，计量柜（屏）的封闭性，电能表的铭牌、电能计量装置参数配置，电流、电压互感器的运行情况，一、二次接线情况。注意观察表盘的脉冲指示灯的闪速，初步判断计量装置的运行状态是否正常。

(2) 接线检查。主要检查电流、电压连接导线是否有破皮、松动、脱落，线径是否符合技术标准，是否有短路、断路、接线错接等现象。这就需要用万用表、相位伏安表等仪表进行测量，运用相量分析的方法进行判断。

(3) 互感器的检查。主要检查电流、电压互感器运行的声音是否正常，铭牌倍率与实际倍率是否相符，一、二次接线是否连接完好，二次侧是否有开路、短路的情况，一、二次极性是否正确。

(4) 电能采集系统的检查。按照国家电网公司的要求，对于容量大于 50kVA 的用户，应在电能计量点安装电能信息采集系统。因此，为了保证电能采集系统正常工作，应检查电能表 RS-485 接口与电能采集系统的连接是否正常，采集系统的通道是否通畅，采集系统供电电源是否正常。

三、三相三线电能计量装置

根据 DL/T 448—2002《电能计量装置技术管理规程》规定：接入中性点绝缘系统的电能计量装置，应采用三相三线有功、无功电能表。这里中性点绝缘系统主要指变压器中性点不接地系统，一般用于 35kV 及以下电压等级的计量。

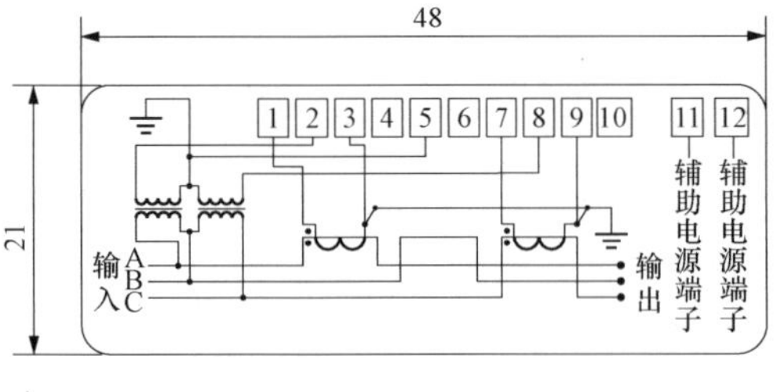

图 10-5　三相三线经电压、电流互感器接入式接线图

1. 接线形式

三相三线电能计量装置接线形式分为直接接入式和间接接入式。图 10-5 所示为三相三线经电压、电流互感器接入式电能计量装置的接线图。

2. 安装运行注意事项

(1) 中性点非有效接地系统一般采用三相三线有功、无功电能表，但经消弧线圈等接地的计费用户且年平均中性点电流（至少每季测试一次）大于 0.1%I_N（额定电流）时，也应采用三相四线有功、无功电能表。

（2）对三相三线制接线的电能计量装置，其两台电流互感器二次绕组与电能表之间宜采用四线连接。

（3）35kV 及以下贸易结算用电能计量装置中电压互感器二次回路，不应装设隔离开关辅助触点和熔断器。

（4）贸易结算用高压电能计量装置应装设电压试压计时器。未配置计量柜（箱）的，其互感器二次回路的所有接线端子、试验端子应能实施铅封。

（5）对于高压供电的用户，宜在高压侧计量；但对于 10kV 供电且容量在 315kVA 及以下、35kV 供电且容量在 500kVA 及以下的，高压侧计量确有困难时，可在低压侧计量，即采用高供低计方式。

（6）用户一个受电点内若有不同电价类别的用电负荷时，应分别装设计费电能计量装置。

（7）对于用户用电计量均应配置专用的电能计量箱（柜）。计量箱（柜）前后门（板）应能加封、加锁，并能在不启封的前提下满足抄表需要。

3. 常见的故障及异常

三相三线电能计量装置常见故障及异常情况类型与三相四线计量装置类似，主要包括电能表本身的各类故障，电流、电压互感器的故障，二次连接导线的超差，以及各类错接线引起的故障和异常。用电检查人员应加强检查和监督，及时发现问题，合理解决。

4. 检查的重点

（1）外观检查。主要检查计量装置的铅封、铅印，计量柜（屏）的封闭性，电能表的铭牌、电能计量装置参数配置，电流、电压互感器的运行情况，一、二次接线是否完好。注意观察表盘的脉冲指示灯的闪速，初步判断计量装置的运行状态是否正常。

（2）检查计量方式的正确性和合理性。

（3）检查电流、电压互感器一次与二次接线的正确性。

（4）检查二次回路中间触点、熔断点、试验接线盒的接触情况。

（5）核对电流、电压互感器的铭牌倍率。

（6）检查电能表和互感器的检定证书。

（7）检查电能计量装置的接地系统。

（8）测量一次、二次回路绝缘电阻。采用 500V 绝缘电阻表进行测量，其绝缘电阻不应小于 5MΩ。

（9）在现场实际接线状态下检查互感器的极性（或连接组别），并测定互感器的实际二次负载以及该负载下互感器的误差。

（10）测量电压互感器二次回路的电压降。Ⅰ、Ⅱ类用于贸易结算的电能计量装置中，电压互感器二次回路电压降应不大于其额定二次电压的 0.2%；其他电能计量装置中电压互感器二次回路电压降应不大于其额定二次电压的 0.5%。

5. 电能表及交采配置设置规则

（1）测量点号。测量点号统一从 2 开始设置；若增加测量点、依次类推（测量点 1 保留，交采备用）。

（2）通信端口号。若终端为 2009 规约，电能表 RS-485 接终端第一组 RS-485，通信端口号设置为 2；若电能表 RS-485 接终端第二组 RS-485，端口设置为 3。若终端为 2005 规约，电能表 RS-485 只能接终端第二组抄表 RS-485，通信端口号设 1；针对预付费终端，电能表 RS-485 只能接终端 RS-485 端口 2。

(3) 通信协议（电能表协议）。若电能表为 1997 规约（多功能电表），通信协议设为 1；若电能表为 2007 规约（智能电表），通信协议设为 30。

(4) 波特率。若电能表为 1997 规约，波特率设置为 1200；若电能表为 2007 规约，波特率设置为 2400。

(5) 通信地址。通信地址即电能表表号。

现场技能操作实训指导

一、工作任务描述

1. 任务名称

电能表采集异常消缺。

2. 适用岗位

电能（用能）信息采集与监控人员。

3. 具体任务

根据用电信息采集系统运行实际情况，对运行中电能表采集异常现象进行分析，并在现场对电能表 RS-485 接口、电能表及交采配置、电能表接线情况等相关项目进行检查，正确判断故障情况，安全完成消缺作业，并正确抄录指定信息。

4. 工作规范及要求

(1) 熟练操作用电信息采集系统、万用表、伏安相位表等，发现电能表采集过程中存在的故障并处理。

(2) 安全规范地消除硬件或软件缺陷，消除电能表采集异常现象。

(3) 正确在主站抄录电能表相关信息。

二、现场实操作业步骤

1. 着装

正确佩戴安全帽，着棉质工作服并扣好衣扣和袖口，穿绝缘鞋并系好鞋带，戴棉质线手套，正确佩戴工作牌和工具包。

2. 现场安全措施布置

查勘并办理工作票，明确工作任务。

(1) 使用合格的安全工器具，在工作位置设立标示牌或安全护栏。

(2) 停送电操作时，由一人操作，一人监护，不得误碰其他带电设备。

3. 工具材料准备

开工前准备好需要的工具和材料。

(1) 万用表、伏安相位表，专变终端 1 个。

(2) 平口改刀、十字改刀、剥线钳、斜口钳、尖嘴钳各 1 个。

4. 电能表的准备

确定电能表连接的终端或集中器在线运行，熟练正确使用用电信息采集系统软件，召测电能表相关信息和参数，核实并记录主站测量点号、通信地址、通信协议、波特率、终端串口号等档案参数设置是否与现场终端参数一致，排除电能表与终端或集中器连接的测量点参数设置错误。

5. 检查电能表与终端连接的RS-485线

电能表与终端RS-485连接线采用RVVP2×16/0.15双芯屏蔽电缆。虽然产品生产厂家不同，但电路原理和收发设备的接线方式基本相同，也就是A—A相连，B—B相连，并根据需要在两端接入匹配电阻。

由于系统的终端与电能表之间的距离较近，连接时也可不匹配电阻。对于具有RS-485通信接口的电能表，只要将电能表的A、B口接到终端的A、B口的相应端子上即可。

(1) 检查RS-485线是否反接、虚接，并排除故障。

(2) 如无RS-485线反接、虚接故障，使用万用表测量终端或集中器RS-485接口之间的电压，若电压在4V左右，则RS-485接口正常；若终端或集中器RS-485接口无电压则判断RS-485接口损坏，需要更换。

6. 电能表错接线的检查及分析

若使用用电信息采集系统软件能召测电能表相关信息和参数及电量，但是电量出现异常，不符合用户用电情况和规律，可检查电能计量装置是否存在错接线。计量装置错接线的主要类型有：

(1) 电压回路和电流回路发生短路或断路；

(2) 电压互感器和电流互感器一、二次极性接反；

(3) 电能表元件中没有接入规定相别的电压和电流。

电能计量装置接线发生错误后，电能表可分为正转、反转、不转和转向不定4种情况，直接影响正确计量。

带电检查接线的步骤如下。

(1) 测量各线电压、相电压。用电压表在电能表接线端钮处测量接入电能表的各线电压、相电压。其各线电压或相电压的数值应接近相等。若各线电压或相电压数值相差较大，说明电压回路不正常。

(2) 测量电能表接线端子处电压相序。利用相序指示器或伏安相位表等进行测量，以面对电能表端子，电压相位排列自左至右为U、V、W相时为正相序。

(3) 检查接地点。为了查明电压回路的接地点，可将电压表端钮一端接地，另一端依次触及电能表的各电压端钮。若端钮对地电压为零，则说明该相接地。

(4) 测定负载电流。用钳形表依次测每相电流回路负载电流，三相负载电流应基本相等。若有异常情况可结合测绘的相量图及负载情况考虑电流互感器极性有无接错，连接回路有无断线或短路等。

(5) 检查电能表接线的正确性。前面的4项检查还不能确定电流的相位及电压与电流间的对应关系，目前可采用相位伏安表检查电压与电流的相位，通过相量分析的方法，检查电能表的接线是否正确。

下面以一个三相四线计量装置错接案例说明接线检查的说明。

案例一：

已知一个三相四线电能表，第一元件电压U_u。

测量及分析如下。

（1）测量电压：$U_{12}=U_{23}=U_{13}=380V$，$U_{10}=U_{20}=U_{30}=220V$，说明电压回路正常。

（2）确定中性线：由于$U_{10}=U_{20}=U_{30}=220V$，说明0为N线。

（3）测定相序：为逆相序，说明U_1对应U_U，U_2对应U_W，U_3对应U_V。

（4）测量电流：$I_1=5A$，$I_2=5A$，$I_3=5A$。

（5）测量相位：$\dot{U}_1$超前$\dot{I}_1$为15°，$\dot{U}_2$超前$\dot{I}_2$为255°，$\dot{U}_3$超前$\dot{I}_3$为315°。

（6）画相量图分析：$\dot{I}_1$为$\dot{I}_u$，$\dot{I}_2$为$\dot{I}_v$，$\dot{I}_3$为$-\dot{I}_w$，如图10-6所示。

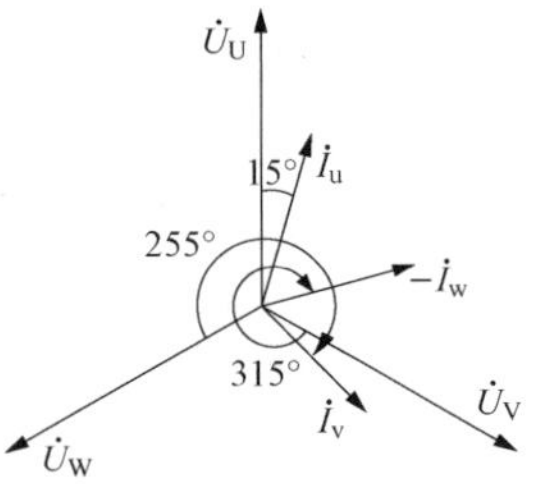

图10-6 三相四线电能表相量图
（电压U W V，电流u—v—w）

结论：第一元件为U_U、$\dot{I}_u$，第二元件为U_V、$\dot{I}_v$，第三元件为U_W、$-\dot{I}_w$。

三相三线电能计量装置的故障类型与三相四线制类似，但计量错接电分析起来比三相四线要复杂。错接线的主要类型及接线检查方法在前面部分已述，这里不作复述。下面将举例分析三相三线计量装置错接线的检查方法。

案例二：

已知三相三线电能表、感性负荷，$\cos\varphi=0.866$，功率因数为30°。

分析方法如下。

（1）测量电压：$U_{12}=U_{23}=U_{13}=100V$，说明电压回路正常。

（2）确定V相：由于$U_{10}=100V$，$U_{20}=100V$，$U_{30}=0V$，说明3为V相。

（3）测定相序：用相序表测为逆相序，说明U_1对应U_U，U_2对应U_W，U_3对应U_V。

（4）测量电流：$I_1=5A$，$I_2=5A$，电流大小没有异常。

（5）测量相位：用相位伏安表测量。$\dot{U}_{UW}$超前$\dot{I}_1$为230°，$\dot{U}_{VW}$超前$\dot{I}_2$为110°。

（6）画相量图分析：$\dot{I}_1$为$\dot{I}_w$，$\dot{I}_2$为$-\dot{I}_u$，如图10-7所示。

结论：第一元件为$\dot{U}_{UW}$、$\dot{I}_w$，第二元件为$\dot{U}_{VW}$、$-\dot{I}_u$。

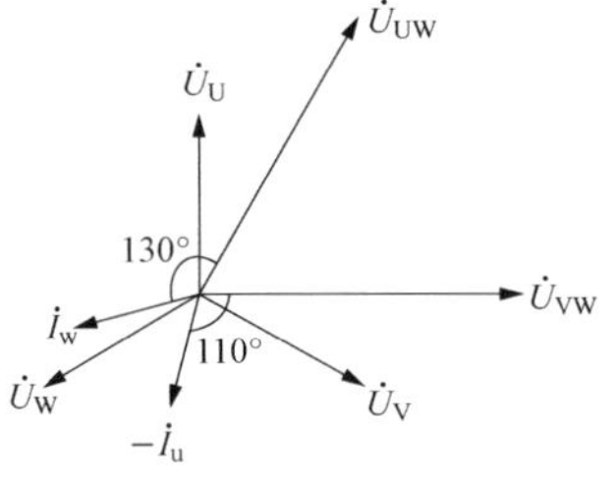

图10-7 三相四线电能表相量图
（电压A B C，电流a—b—c）

7. 安装电能表端子盖，加封印。

8. 收尾工作

收拾工具，清扫工作场地，撤离现场。

三、现场培训总结提炼

本模块重点介绍了电能表采集异常的判断和分析，使学员全面掌握电能表采集异常消缺工作注意事项、电能计量装置常见的故障及异常、检查重点、电能表及交采配置设置、电能表错接线分析及安全注意事项等。

通过现场实际操作训练，学员能够掌握电能表采集异常消缺注意事项，提高对现场消缺工作中常出现的问题进行分析解决的能力。通过本模块的学习，用电信息采集与监控岗位一线人员可具备电能表采集异常消缺的基本技术能力。

技能操作考核评分细则

编号：	姓名：	岗位：	单位：
成绩：	考评员：	考评组长：	日期：

技能操作模块名称	电能表采集异常消缺	适用岗位	电能（用能）信息采集与监控	考核时限	30min

需要说明的问题和要求	（1）学员一人独立检查、操作，考评员监护
	（2）考评人员预先设置电能表采集故障不少于 3 处
	（3）检查和消缺过程中出现短路跳闸、仪表损坏、触电伤害等安全事故计 0 分，考核成绩不合格
工具、材料、设备、场地	（1）用电信息采集系统，在线运行的智能电能表或多功能电能表 1 个
	（2）电子式万用表 1 个，电工工具 1 套，铅封，封铅钳
	（3）学员自备记录本或钢笔

序号	项目名称	质量要求	满分	扣分标准	扣分原因	扣分	得分
1	着装	正确着装	3	不按规程要求着装一处扣 1 分			
2	系统登录	使用给定帐号、密码登录系统主站	2	经提示登录扣 2 分			
3	电能表采集故障查找与判断						
3.1	数据召测	正确使用用电信息采集系统软件，召测电能表相关信息和参数	5	召测参数操作错误扣 5 分			
3.2	电能表采集硬件通信异常的检查与判断	（1）检查电能表 RS-485 端子接线是否正确并记录； （2）用万用表检查 RS-485 端子电压是否正常并记录； （3）用万用表检查 485 线导通是否良好	20	（1）检查端子错误扣 5 分； （2）万用表使用不规范一次扣 2 分； （3）记录 1 处不正确扣 5 分，不清楚、不规范扣 2 分； （4）结论错误 1 项扣 10 分			
3.3	电能表采集参数错误的检查与判断	核实并记录主站测量点号、通信地址、通信协议、波特率、终端串口号等档案参数设置是否与现场终端参数一致	10	（1）核实参数方法错误扣 10 分； （2）结论错误 1 项扣 5 分			

续表

序号	项目名称	质量要求	满分	扣分标准	扣分原因	扣分	得分
4	电能表采集故障分析						
4.1	电能表接线情况的故障判断	(1) 核实电能表电量是否存在异常； (2) 检查判断电能表是否接线错误	20	(1) 未核实电能表电量情况扣10分； (2) 未检查判断电能表接线情况扣10分			
4.2	电能表错接线的分析	分析电能表错接线的电压、电流实际接入情况	20	电压、电流接入情况判断错误，一个相量扣5分			
4.3	数据重新召测	再次使用用电信息采集系统软件，召测电能表相关信息和参数，将召测数据截屏并以学员名为文件名保存到指定文件夹	10	(1) 召测参数不成功此项目不得分； (2) 未能成功导出负荷数据扣5分			
5	现场的行为规范	(1) 正确布置安全技术措施； (2) 在低压电气回路上工作注意保证和带电体的安全距离	6	(1) 未站在绝缘垫上工作扣6分； (2) 未使用经过绝缘包绕的工具扣3分； (3) 产生其他安全未遂的障碍一次扣3分； (4) 产生安全未遂的障碍，经考评员（监护人）提醒后仍未改正的，立即停止工作，考核成绩记为不合格； (5) 发生短路跳闸、仪表损坏、触电伤害等安全事故计0分，考核成绩不合格			
6	收尾工作	(1) 终端加封； (2) 收拾工具、仪表，工作现场进行清扫	4	(1) 未进行终端加封一处扣2分；加封作业不完整、不规范，一处扣1分； (2) 未收拾工具、仪表扣3分； (3) 作业完成后不清洁现场扣2分			
7	合计		100				

“电能表采集异常消缺”技能考核记录页

考生姓名：　　　　　　　　　　　　　　　　　　考号：

电能表采集故障检查：			
测量点参数设置故障检查：			
	档案参数	终端参数	故障判断
在终端内编号			
通信地址			
通信协议			
波特率			
所接终端串口号			
485 接线故障的检查： 故障判断：			
电能表接线情况分析： 电能表接线方式： 电压、电流接入顺序：			

参　考　文　献

［1］国家电网有限公司．Q/GDW 1354—2013 国家电网公司企业标准：智能电能表功能规范［S］．北京：中国电力出版社，2013.
［2］国家电网有限公司．Q/GDW 1373—2013 国家电网公司企业标准：电力用户用电信息采集系统功能规范［S］．北京：中国电力出版社，2013.
［3］高犁，陈杨，周敏，等．智能电网下的电力营销新型业务［M］．北京：中国水利电力出版社，2014.
［4］高犁．电力客户管理［M］．北京：中国电力出版社，2011.
［5］刘振亚．智能电网技术［M］．北京：中国电力出版社，2010.
［6］高犁，都亮，等．用电负荷管理［M］．北京：中国电力出版社，2011.
［7］孙鹏，田华，傅士冀，等．智能电能表［M］．北京：中国电力出版社，2012.
［8］国网上海市电力公司．用电信息采集系统仿真培训［M］．北京：中国电力出版社，2014.
［9］林军，张向程，王春生．智能电网互动式计量技术方案研究［J］．电测与仪表，2013.
［10］国网四川省电力公司．Q/CDL-G-5-06—2009 国网四川省电力公司企业标准：电力用户用电信息采集系统终端故障处理工作流程 A2 版［S］．2009.
［11］胡江溢，祝恩国，杜新纲，杜蜀薇．用电信息采集系统应用现状及发展趋势［J］．电力系统自动化，2014.
［12］许丽华．电力用户用电信息采集系统的设计和实现［D］．复旦大学，2010.
［13］曹津平，刘建明，李祥珍．面向智能配用电网络的电力无线专网技术方案［J］．电力系统自动化，2013.
［14］国家电网公司人力资源部．电能（用电）信息采集与监控［M］．北京：中国电力出版社，2010.